Geschäftlich in China

Wir bedanken uns herzlich
für wertvolle Beiträge, Anregungen, Unterstützungen, Ermutigungen
bei allen Interviewpartnerinnen und Interviewpartnern
und bei

Song Yun (AHK Shanghai)

Sun Jing (AHK Shanghai)

Prof. Dr. phil. habil. Gabriele Berkenbusch

Prof. Dr. phil. Jinfu Tan

Mark Deckelmann

Alexander Breunig

Georg Herbertz (Dairy Food Services)

Allgäu Stern Hotel

Willman

Jing Jing

Heidi Brosche

unseren Eltern

und bei allen, die uns immer wieder veranlassen, uns mit der eigenen und mit fremden Kulturen auseinanderzusetzen und dadurch eine ständige persönliche Bereicherung zu erfahren.

Bibliografische Information der Deutschen Nationalbibliothek

Die Deutsche Nationalbibliothek verzeichnet diese Publikation in der Deutschen Nationalbibliografie; detaillierte bibliografische Daten sind im Internet über http://dnb.d-nb.de abrufbar.

ISBN 978-3-89639-606-8
1. Aufl. Nov. 2007
2. Aufl. Feb. 2008

Illustrationen: Alexander Breunig
Cover: Marc Grethen

Jacqueline Kotte ♦ Wei Li

Geschäftlich in China

Verhaltensweisen verstehen und erfolgreich umsetzen

INHALT

INHALT 4

1. Einleitung 5
   - Motivation 5
   - Die Leser (Zielgruppen) 7
   - Ziele des Buches 8
   - Anmerkungen zu den Interviews und Anekdoten 11

2. Herausforderungen – Erfahrungsberichte aus der Praxis 12
   - Die Menschen 12
   - Begrüßung 14
   - Visitenkarten 15
   - Verhandeln 18
   - Geschäftsessen 24
     - Kultur des Essens 26
     - Gesprächsthemen 29
     - Bezahlung 30
     - Verabschiedung 30
   - Der Familienclan 31
   - Beziehungen 32
     - Freundschaft 37
   - Teamarbeit 38
   - Fluktuation 41
   - Anpassungsverhalten 44
   - Denkweisen 49
   - Kritik 51
   - Das chinesische Gesichtskonzept 57
   - Kreativität 60
   - Kommunikation 62
   - Sprachliche Herausforderungen 67
     - Bedeutung von Sprachkenntnissen 68
     - Kommunikation mittels Dolmetscher 71
     - Verständigung in einer Drittsprache (Lingua franca) 73
     - Besonderheiten der chinesischen Sprache 75
     - Nonverbale Verständigung 76
     - Korrespondenz mit Geschäftspartnern 76
     - Anpassung des Markennamens 77
   - Entscheidungen 78
   - Emotionales Verhalten 78
   - Beziehungen auf privater Ebene 80
   - Höflichkeit 80
   - Zeitmanagement 84
   - Verhalten und Benehmen 88
   - Kulturschock 89
   - Strategeme 92
   - Was man sonst noch wissen sollte 94

3. Praktische Erste Hilfe für den Mittelstand beim Einstieg ins Chinageschäft 97
   - Marktrecherche 97
   - Standort und Partner 98
   - Personal 99
   - Schutz von Know-how 99
   - Qualitätssicherung 101
   - Form der Zusammenarbeit 101
   - Behördenkontakte 102

4. Geschichte der Volksrepublik China 105

5. FAZIT 110

6. Anhang 112
   - Minisprachführer 112
   - Aussprache der Töne (Tonhöhen) 114
   - Zahlensystem 114
   - Fingerzählsystem 115
   - Vorgehensweise bei den Interviews 115

7. LITERATUR 117

8. Sachwortverzeichnis 119

1. Einleitung

> Wenn der Wind der Veränderung weht, dann bauen die einen Mauern, aber andere bauen Windmühlen.
> (chin. Sprichwort)

Der Prozess der Globalisierung hat zur Folge, dass politische, wirtschaftliche und soziale Schranken ungeheuer rasch beseitigt werden. Globalisierung transformiert und modifiziert die internationale Arbeitsteilung, bringt Wirtschaften und Kulturen einander näher – und dies alles mit schwindelerregendem Tempo. „Der Wandel, den uns ein durch Globalisierung bestimmtes Zeitalter beschert, verlangt viele Neuanfänge. Bewegungslosigkeit hat da keine Chance", meint der ehemalige Bundespräsident Roman Herzog. Niemand kann sich vor dem wirtschaftlichen Wandel verstecken, den wir – verursacht durch die Globalisierung – z. B. beim Einkaufen, ganz besonders aber in unseren Berufen und an unseren Arbeitsplätzen sehr deutlich zu spüren bekommen. Wer – wie im einleitenden chinesischen Sprichwort – Mauern um sich herum baut, darf nicht glauben, dass er damit sich selbst vor diesem Wandel schützen oder bewahren kann. Jedem muss bewusst werden, dass alles um ihn herum unbeeindruckt „weiterfließt", d. h. der große Strom des Wandels wird durch ein privates Mäuerchen nicht aufgehalten. Wohl dem, der in der Lage ist, die Energie dieses Wandels zu nutzen und daraus für sich selbst Kraft, Elan und Motivation abzuleiten.

Motivation

Wir, die Autorinnen, sind uns zufällig in einem Cafe begegnet, fanden uns vom ersten Moment an sympathisch und sind seither eng befreundet. Wir haben sehr rasch entdeckt, dass unsere beruflichen Interessen ähnlich sind, und dass wir uns zum Thema „interkulturelle Begegnungen" hervorragend ergänzen. Dies gilt zum einen, was unsere gewonnenen Erfahrungen sowohl in Mittelstandsunternehmen als auch in großen Konzernen anbelangt. Zum andern sind wir Kinder der beiden Kulturen, deren Dialog und Begegnung uns beeindruckt und fasziniert. So entstand die Idee, unsere Begeisterung und unsere praktischen Erfahrungen mit anderen zu teilen und gemeinsam dieses Buch zu schreiben.

Ich, die deutsche Autorin, habe Sprachen und Betriebswirtschaft studiert, davon ein Jahr an der Tongji-Universität in Shanghai. Mein Pflichtpraktikum machte ich bei einer chinesischen Firma in Beijing, die für das chinesische Fernsehen u. a. Fernsehshows organisiert. Während dieser Zeit und bei weiteren Aufenthalten in China war ich immer wieder Zeugin interessanter Situationen und Begegnungen, die mir zunächst „chinesisch" vorkamen. Diese Schlüsselerlebnisse weckten mein Interesse. Ich wollte verstehen können, was da vor sich ging. Deshalb interviewte ich im Rahmen meiner Diplomarbeit [1] deutsche und chinesische Führungskräfte in großen deutschen Firmen in Shanghai zu ihren Erfahrungen und Herausforderungen, vor denen sie täglich am Arbeitsplatz bei der Zusammenarbeit mit ihren Mitarbeitern und Kollegen stehen. Die vertrauensvolle Offenheit, mit der meine Interviewpartner berichteten, ja geradezu ihr Herz ausschütteten, hat mich sehr überrascht. Auch meine Tätigkeit nach Studienende bei einer großen chinesischen Firma in Deutschland förderte entscheidend die Entstehung dieses Buches.

Ich, die chinesische Autorin, habe in Tianjin/China Jura studiert. Während meiner Ausbildung zur Richterin habe ich mehrere Jahre in einer Zivil- und Handelsrechtskammer des Amtsgerichts Tianjin als Richterassistentin gearbeitet. Da das chinesische Rechtssystem in den letzten Jahren viele Grundlagen der deutschen Gesetzgebung übernommen hat, ließ ich mich für zwei Jahre beurlauben, um an der Universität Augsburg zu studieren. Bei einem gemeinsamen Projekt lernte ich die Industrie- und Handelskammer kennen, die mir das Angebot machte, mittelständische Unternehmen bei ihren Kontakten mit chinesischen Geschäftspartnern zu beraten und zu unterstützen. Das war genau die Aufgabe, die meinen Vorstellungen entsprach. Ich bin sowohl mit den chinesischen, als auch mit den deutschen Denk- und Verhaltensweisen vertraut und kann über manche (Anfangs-)Hürde hinweghelfen. Mittlerweile ist eine stattliche Anzahl von erfolgreichen deutsch-chinesischen Geschäftsverbindungen das erfreuliche Ergebnis meines Einsatzes. Doch hinter diesen Erfolgen stecken eine Menge Arbeit und vielschichtige Herausforderungen, die es zu meistern galt. Mittelständler habe ich zu ihren Herausforderungen und Erlebnissen bei der Zusammenarbeit mit chinesischen Partnern befragt und mit deren Erlaubnis ihre Eindrücke in unserem Buch wiedergegeben.

Die folgenden Schlüsselerlebnisse lassen unsere Beweggründe für dieses Buch besser verstehen. Sie geben einen ersten Eindruck, welche Thematik sich im weiteren Sinn hinter dem Begriff „interkulturelle Kommunikation" – so der Fachausdruck – verbirgt. Eine Erfahrung der deutschen Autorin:

> Am Anfang ihres Chinaaufenthaltes erlebte sie des Öfteren bei der Frage nach dem Weg, dass sie in die falsche Richtung dirigiert wurde. Sie verließ sich auf den Antwortenden, der sie aber lieber irgendwohin schickte, als zuzugeben, dass er den Weg nicht weiß, was von Unwissenheit zeugen würde und somit für ihn Gesichtsverlust bedeutet hätte.

Dieses Erlebnis ist aus Erfahrung der deutschen Autorin kein Einzelfall. In Vorbereitung der Olympischen Spiele 2008 werden die chinesischen Bürger auf ihr „auffälliges" Benehmen aufmerksam gemacht, dort, wo es nicht internationalen Maßstäben entspricht, ja sie können sogar empfindlich bestraft werden. Auch für „ungenaue Auskünfte" riskiert man u. a. ein Bußgeld.

Eines der Schlüsselerlebnisse der chinesischen Autorin:

> Eine Delegation aus Shanghai besucht ein mittelständisches Unternehmen im süddeutschen Raum. Sie nimmt die Rolle der Dolmetscherin ein und übersetzt bei der Begrüßung und Vorstellung der Personen. Eines der chinesischen Delegationsmitglieder will schon nach den ersten 10 Minuten wissen, was sein deutscher Gesprächspartner verdiene und welches Auto er fahre. Sie weiß, dass sie diese Fragen dem Deutschen nicht stellen darf, schlüpft in eine „Vermittlerrolle" und übersetzt in etwa, dass der Chinese einen guten Flug hatte. Die Zeit schreitet voran, die Verhandlungen sind bereits im Gange. Ein Deutscher kommt auf das Thema zu sprechen, dass Chinesen gerne westliche Produkte „kopieren" und spricht dazu noch wenig später die Situation Chinas mit Taiwan an. Die Dolmetscherin weiß, dass sie diese Thematik vor dem Chinesen vermeiden sollte, da er sonst beleidigt wäre (Gesichtsverlust) bzw. sich mit für ihn sehr unangenehmen Themen konfrontiert sähe. Sie schlüpft in eine „Vermittlerrolle" und übersetzt etwas Unverfängliches, das zum momentanen Sachthema passt.

Das Beispiel macht deutlich, dass die Autorin eine Vermittlerrolle übernehmen muss und eine wichtige Funktion beim Ausbalancieren kultureller Unterschiede im Kommunikationsverhalten innehat (siehe auch „Kommunikation mittels Dolmetscher").

Eine Vielzahl ähnlicher Erlebnisse und Situationen waren der Anlass, uns näher mit deren Ursachen und Hintergründen auseinander zu setzen. Wir wollen vor allem den Deutschen eine kleine Brücke zur chinesischen Kultur bauen. Unser Anspruch ist, dass Begegnungen und Gespräche, Verhandlungen und Zusammenarbeit in Zukunft mit mehr Verständnis und Toleranz und mit weniger Problemen und Konflikten verlaufen. Die hier berichteten Erlebnisse und Beiträge aus der Praxis bilden ein solides Fundament für diese kulturelle Brücke. Es werden verschiedene Aspekte und Themen behandelt, die für eine Kooperation im geschäftlichen Umfeld, aber auch bei privaten Reisen und Begegnungen von Bedeutung sein können. Wir konfrontieren mit einem realistischen, äußerst dynamischen Chinabild. Vielleicht gelingt es uns, einigen traditionellen Chinaklischees endgültig den „Zopf abzuschneiden".

Die Leser (Zielgruppen)

> Wer in die Ferne sehen will, muss
> ein Stockwerk höher steigen.
> (Wang, Zhihuan)

Sie sind ein *Unternehmer des Mittelstandes*, haben sich beraten lassen und alle sachlichen Vorklärungen bereits unternommen. Sie sind mittlerweile auf eine geschäftliche Zusammenarbeit mit einem chinesischen Partner weitgehend vorbereitet und informiert über geeignete Standorte, Kostenstrukturen, Import-Export-Bedingungen und Zölle, Logistik, Finanzierungsmöglichkeiten, Rechtsformen und Schutz des geistigen Eigentums. Kurz gesagt, Sie fühlen sich gerüstet für eine Unternehmung mit einem chinesischen Partner.
Als *Mitarbeiter* eines weltweit operierenden Konzerns werden Sie als *Führungskraft* oder als Experte zu ganz bestimmten Sachthemen in das Joint-Venture nach China abgeordnet. Fachlich sind Sie genau „die richtige Frau/der richtige Mann". Vor Ihrer Abreise haben Sie noch einige Stunden an einem Crashkurs für interkulturelles Training teilgenommen. Kurz gesagt, Sie sind motiviert und fliegen mit positiven Erwartungen Ihrem neuen Arbeitsplatz entgegen.
Als *Student* bewerben Sie sich in einem Unternehmen in China um ein Praktikum oder um eine Anstellung. Sie erfüllen alle fachlichen Voraussetzungen und wollen sich auf Land und Leute und die chinesische Arbeitsweise mental vorbereiten.
Als *Interessent an China* wollen Sie einfach mehr über das Land und insbesondere über die Bewohner und deren Kultur erfahren und nicht nur Dinge über den Wirtschaftsboom, über den fast täglich in der Zeitung berichtet wird. Sie interessieren sich für die Herausforderungen, denen man gegenübersteht, wenn man in einer fremden Kultur, wie der chinesischen, arbeitet. Vielleicht wollen Sie auch das Land und seine Bewohner abseits der Touristenpfade näher kennenlernen.
Sie alle landen mit positiven Erwartungen und einem Gefühl von Pioniergeist in einer chinesischen Großstadt und werden auf dem Flughafen noch getragen von der eventuell noch englischsprachigen Umgebung. Spätestens in den folgenden Tagen werden Sie in irgendeiner Form mit den ersten Merkmalen eines Kulturschocks konfrontiert: Alles ist anders als zu Hause oder in Europa. Sie steigen ins Taxi und haben Schwierigkeiten, Ihr Ziel zu nennen. Sie versuchen es mit Ihren mehr oder weniger guten Englischkenntnissen, müssen aber feststellen, dass Ihr Partner eifrig und aufmerksam auf alles, was Sie sagen, nickt bzw. nur mühsam einige Worte artikuliert, die Sie aber nicht verstehen; und wenn Sie die Worte verstehen, dann lässt sich nur vage interpretieren, was gemeint sein könnte. Sie verstehen die Sprache der Menschen in den Straßen nicht und können Hinweisschilder, Werbung, Straßennamen und Menükarten im Restaurant nicht lesen. Sie haben sich verirrt und fragen nach dem Weg: Sie bekommen eine Antwort, die Ihnen zwar die Richtung weist, aber wahrscheinlich kommen Sie

nicht dort an, wo Sie hinwollen. Sie haben Ihr erstes geschäftliches Treffen: Sie sind stolz, dass die Übergabe der Visitenkarten und der Austausch von Geschenken so gut geklappt hat – na also! Dann beginnen Ihre Verhandlungen. Sie präsentieren Ihre sachlich bis ins letzte Detail vorbereitete Agenda; Ihre Verhandlungspartner betrachten diese aufmerksam und hören Ihnen zu. Sie interpretieren das Nicken der chinesischen Teilnehmer als Zustimmung und ihr Lächeln als freudiges Akzeptieren aller Themenpunkte. Keiner widerspricht. Am nächsten Tag sind Sie erstaunt, dass Themen, die Ihrer Meinung nach bereits gestern abgehakt waren, heute noch einmal zur Sprache kommen. Beim Geschäftsessen entstehen Unsicherheiten wegen der Tischsitten. Um es salopp auszudrücken: Das, was um Sie herum und mit Ihnen geschieht, verunsichert Sie und es kommt Ihnen zunehmend „chinesisch" vor.

Ziele des Buches

> Wer die Riten und Formen nicht kennt, kann keine feste Grundlage haben. (Konfuzius)

Eine sich in atemberaubendem Tempo entwickelnde chinesische Nation führt zu einer deutlichen Zunahme an geschäftlichen Tätigkeiten und Unternehmungen. Immer mehr Touristen wollen die geheimnisvolle alte Kultur und die landschaftlichen Schönheiten des Landes kennenlernen. Neben der wirtschaftlichen bringt die gesellschaftliche Öffnung auch den Chinesen eine zunehmende Reisefreiheit. All dies führt dazu, dass Chinesen mehr und mehr in Kontakt mit Menschen aus fast allen Ländern treten. Die chinesische Kultur unterliegt deshalb einem nicht überschaubaren Wandel, der alle Bereiche der chinesischen Lebenswirklichkeit in einem schwindelerregenden Tempo erfasst. Dabei lässt sich eine Verstärkung der regionalen und sozialen Unterschiede nicht vermeiden. Sie sind jedoch nicht Thema unseres Buches. Es lässt auch alle politischen, juristischen und wirtschaftlichen Aspekte außer Acht, bzw. geht nur dann darauf ein, wenn diese zur Erklärung der Ursachen und Hintergründe der hier beschriebenen Herausforderungen interkultureller Begegnungen von Bedeutung sind. Zu den auf China bezogenen sachlichen und wirtschaftlichen Themen gibt es eine große Auswahl an Literatur. Wir behandeln auch keine fachlichen Qualifikationen, die sich in entsprechenden Management-Kursen aneignen lassen.

Neben den sachlichen spielen bei geschäftlichen (und privaten) Beziehungen zwischen Menschen die interkulturellen Aspekte eine äußerst bedeutende Rolle. Diese werden leider zu oft verkannt und unterschätzt: Weit hinter sachlichen Zielen und Interessen rangiert bei vielen Unternehmen und deren Mitarbeitern die Beschäftigung mit interkulturellen Einflussfaktoren zu oft noch als akademische Spielerei [32 / S. 12]. Die Menschen an den Schnittstellen der Kulturkreise haben – auf beiden Seiten – aber keine Wahl: Sie müssen sich arrangieren und gegenseitiges Verständnis aufbringen, wenn sie erfolgreich zusammenarbeiten wollen. Die fachliche Qualifikation ist vorhanden. Technisches Know-how und Fachwissen sind zwar unerlässlich, reichen aber heute bei weitem nicht mehr aus, um sich im internationalen Wettbewerb zu behaupten und durchzusetzen [32 / S. 12]. Neben den fachlichen und den sprachlichen Fähigkeiten gelten deshalb in vielen Berufen und Branchen zunehmend auch interkulturelle Kompetenzen als Schlüsselqualifikation. Zwei der Interviewten äußern sich zur Frage, wie wichtig es sei, sich mit der Kommunikation zwischen Kulturen auseinander zu setzen:

> *„Wenn man geschäftlich erfolgreich sein will, ist das absolut notwendig … da hab ich eini-*

ge Geschäftsmodelle gesehen, wo Leute unvorbereitet hergeschickt {nach China} wurden. Die sind komplett gegen die Wand gefahren ... Die mit dem typischen deutschen Denken: ‚Das ist so und nicht anders und das machen wir so'. Es geht auf keinen Fall, ohne flexibel zu sein, ohne sich mit der Kultur und dem Menschenschlag auseinander zu setzen. ...und sie haben dadurch Investitionen in Millionenhöhe wieder verloren." (m / D/ ca. 45J)

„Ich meine, wir leben in China und müssen sicherlich ein bisschen weggehen von unserer deutschen Mentalität, uns hinbewegen auf die chinesische. Wenn ich das nicht schaffe, dann muss ich zurückgehen nach Deutschland." (m / D/ ca. 35J)

Der zweite Interviewpartner ist offensichtlich bereit, seine gewohnten, in Deutschland erworbenen Handlungsweisen immerhin ein Stück weit zu verlassen. Zeigt auch die andere Seite dazu Bereitschaft, dann sind beste Voraussetzungen gegeben für das Entstehen einer gemeinsam geformten und akzeptierten „neuen Kultur". Diese kulturelle Mischform fördert gegenseitiges Verständnis und ermöglicht beiden Partnern, sich einander anzunähern und im Idealfall Synergien zu schaffen. Allerdings gibt es keinen verallgemeinerbaren Prototyp dieser „neuen Kultur". In einem Mischraum der Kulturen spielt die Polarisierung nach Nationalitäten (hier „chinesisch", da „deutsch") eine völlig untergeordnete Rolle. Er besteht aus einem Raum von Wissen, Lernen und von gegenseitigem Respekt, in dem sich fähige, kompetente Menschen frei bewegen und Neues und Andersartiges sowohl schaffen als auch akzeptieren lernen. Dieser Raum für eine kulturelle Mischform muss aus einer spezifischen Situation heraus entstehen, von der er nicht losgelöst betrachtet werden kann oder in der er allein gültige Realität haben könnte. An diesen kulturellen Schnittstellen wird jeder auf beiden Seiten sowohl intellektuell als auch emotional einen Teil seiner Gewohnheiten aufgeben müssen. Konkret bedeutet dies: Die bislang getrennten Pfade chinesischer und deutscher Partner treffen sich. Jetzt beginnt der gemeinsame Weg, auf dem man in gegenseitigem Einvernehmen auf diesen Raum zusteuert. Vielleicht können die hier beschriebenen praktischen Erfahrungen diesen gemeinsamen Weg abkürzen und unnötige Umwege ersparen.

Unser Buch verfolgt drei Ziele:

- Es eröffnet Einblicke in viele elementare Aspekte der chinesischen Kultur.
- Es beschreibt in kompakter Form anhand von Situationsbeispielen aus der Praxis, wie unerwartete Herausforderungen entstehen, wenn Menschen aus zwei (oder mehr) Kulturkreisen aufeinander treffen und in weitestem Sinn miteinander „kommunizieren".
- Es bietet Anregungen und macht Vorschläge zu möglichen angemessenen Reaktionen und Verhaltensweisen.

Weitere zentrale Fragestellungen sind:

- Welche Rolle spielen Sprache und Sprachkenntnisse?
- Hat die Zugehörigkeit zu einer bestimmten Kultur Einfluss auf das Ausmaß der Herausforderungen?

Unser Buch möchte auf den deutsch-chinesischen Dialog der Kulturen aus einer praktischen Sicht vorbereiten. Wir möchten den wertvollen Schatz von Erfahrungen, Anregungen und Erkenntnissen weitergeben, die wir Autorinnen selbst einbringen, die vor allem aber Unternehmer, Geschäftsführer und Mitarbeiter bei interkulturellen Begegnungen in ihrer täglichen Praxis gemacht haben. Die unterschiedlichen Hintergründe und Erwartungen von Menschen, die in völlig verschiedenen Kulturen aufgewachsen sind, werden eingehend analysiert und anhand von Literaturverweisen theoretisch eingeordnet. Unser Ziel wäre erreicht, wenn dieser Erfahrungsschatz dazu beiträgt, zukünftige Unternehmungen und Vorhaben in China zu erleichtern, das Verständnis für spezifisches Verhalten und (Re-)Agieren zu fördern, Missverständnisse im Vorfeld zu verhindern und die Fähigkeiten zur Interaktion zu verbessern.

Ein breites Spektrum und eine Vielfalt an praktischen Erfahrungen aus Mittelstandsunternehmen, aus großen, vorwiegend deutschen internationalen Firmen, aber auch von Freunden und Bekannten der Autorinnen, gewährleistet, dass wesentliche Aspekte interkultureller Begegnungen angesprochen und realitätsbezogene Erkenntnisse behandelt werden. Aus der Tatsache, dass Mitarbeiter verschiedenster Unternehmen, Behörden und Institute, unterschiedlichster Größe und verschiedenster Branchen, meist gleichartige Erfahrungen machten, ziehen wir den Schluss, dass die geschilderten Erlebnisse weitgehend unabhängig von der jeweiligen Unternehmenskultur sind. Wir kommen zur Erkenntnis, dass sie überwiegend durch die Kultur des Herkunftslandes bestimmt sind. Bleiben eigene Erwartungen unerfüllt, so ist dieser Umstand letztlich Hintergrund und Ursache für ein großes Konfliktpotenzial bei einer Begegnung von Menschen aus unterschiedlichen Kulturen.

Uns hat nicht erstaunt, dass den Interviewten die Hintergründe ihrer erlebten Schwierigkeiten meist nicht bewusst waren. Man befand sich plötzlich und überraschend in einer nicht erklärbaren Situation.

Hier begann unser Ansatz: Wir analysierten die geschilderten Herausforderungen und versuchten, deren Ursachen zu ergründen.

Die Ergebnisse unserer Analysen und Erkundungen sollen dazu beitragen, die situationsbezogenen Gepflogenheiten und Verhaltensweisen der Chinesen kennen und verstehen zu lernen. Wir wollen die Möglichkeit schaffen, sich besser in die Lage und Denkweise der chinesischen Partner hineinzuversetzen und seine Erwartungen entsprechend anzupassen oder ggf. zurückzuschrauben. Nur so entsteht ein eigenständiges Gefühl dafür, was man besser vermeidet bzw. welches Verhalten angebracht ist.

Die Interviews zeigen: Es gibt immer wiederkehrende Situationen, durch die unsere Gesprächspartner herausgefordert waren. Wir haben dabei festgestellt, dass jede Situation ihre eigene Dynamik, ihren eigenen Ablauf hat. Deshalb möchten wir ausdrücklich bewusst machen: Es gibt keine „typischen" Verhaltensregeln, die man erlernen und dann anwenden könnte (wie auch einige Beispiele in Kapitel 2 sehr deutlich zeigen). Unser Anliegen besteht vielmehr darin, dass die hier geschilderten realen Erlebnisse und Anekdoten als eine mögliche Verhaltensweise für analoge Situationen im eigenen unternehmerischen bzw. privaten Umfeld gesehen werden können.

Bei einigen wenigen Themen hielten wir es aufgrund der besseren Verständlichkeit für sinnvoll, die Unterschiede zwischen Deutschen und Chinesen etwas zu relativieren, um sie mit einer dritten Identität zu kontrastieren: Wir ergänzten einige Aspekte mit ausgesuchten praktischen Erfahrungen, die Kubaner bei ihrer Arbeit in China machten. Auch die in verschiedenen Branchen arbeitenden Kubaner befragten wir zu interkulturellen Begegnungen mit chinesischen Kollegen und Mitarbeitern. Da es im internationalen Geschäftsverkehr geradezu eine Ausnahme wäre, mit Leuten aus nur einem Land zusammenzuarbeiten, halten wir es für angebracht, durch diese Einbeziehung (von Lateinamerikanern) einen erweiterten Blickwinkel auf einige wenige ausgewählte Themen zu erhalten, um eine noch offenere Perspektive schaffen zu können.

Wir wünschen viel Spaß bei der Lektüre.

Anmerkungen zu den Interviews und Anekdoten

(I) Interviewausschnitte sind in „Anführungszeichen" gesetzt und eingerückt in *kursiver Schrift* wiedergegeben.

(II) Anekdoten (Schlüsselerlebnisse) aus der Praxis werden kurz beschrieben und in eingerückter Form, jedoch ohne Anführungszeichen und nicht kursiv, wiedergegeben.

(III) Ein „Schlüssel" gibt am Ende der Interviewausschnitte und Anekdoten Informationen über die persönlichen Daten des Befragten. Er steht in Klammern und hat 3 Elemente: Geschlecht (**m**ännlich/**w**eiblich); Nationalität (**C**hinese/**D**eutscher/**K**ubaner/**S**chweizer); das ungefähre Alter des Interviewpartners.

(IV) **Unternehmer des Mittelstands** werden im Folgenden mit **UdM** abgekürzt.

(V) Der Begriff „westlich" bezieht sich in unserem Buch vorwiegend auf den Lebensstil und die Gepflogenheiten der europäischen, zum Teil auch der amerikanischen Länder.

2. Herausforderungen – Erfahrungsberichte aus der Praxis

Einmal sehen ist besser als hundert Mal hören. (chin. Sprichwort)

Dieses Kapitel beschreibt Themen und Situationen aus der täglichen Praxis. Es fokussiert vor allem auf die Beziehungsebene von Menschen aus unterschiedlichen Kulturen: Ihre Denk- und Verhaltensweisen und ihre Reaktionen auf ihr „fremdes" Gegenüber. Dabei kommen beide Seiten zu Wort – Deutsche und Chinesen. Sie dienen als eine erste Erfahrungsperspektive für Kontakte zwischen chinesischen Delegationen und Geschäftspartnern in Deutschland oder deutschen Vertretern und Einheimischen in China.
Die Ordnung der Themen entspricht in etwa dem Ablauf der Realität: Von der ersten Begegnung, der Begrüßung mit dem Austausch von Visitenkarten, der Geschäftsverhandlung und dem so wichtigen Geschäftsessen. Darüber hinaus werden weitere Themen behandelt, die für das Aneignen von „elementaren Kenntnissen der chinesischen Denkmuster, Wertschätzungen und Konsensregelungen" [22 / S. 14] und zum besseren Verständnis der chinesischen Kultur beitragen. Sie lassen den Leser die Hintergründe der geschilderten Situationen und Erlebnisse erkennen.
Vor einer ersten Begegnung mit Menschen aus China empfehlen wir eindringlich – sowohl dem Mitarbeiter eines globalen Konzerns, der einer Abordnung bzw. Versetzung zustimmte, als auch dem Mittelstandsunternehmer – der chinesischen Mentalität, den Verhaltensweisen und Eigenschaften offen und vorurteilsfrei zu begegnen. Seien Sie auf Überraschungen und Gegensätze gefasst. Lassen Sie uns gemeinsam einige kulturelle Trainingsblöcke absolvieren und verschiedene Themen aus der Praxis vertiefen. Einer der Interviewten bestätigt:

> *„Vor allem bei einer Verhandlung ist es wichtig, seinen Geschäftspartner zu verstehen. Ohne zu wissen, wie sie denken, was die Ausdrücke bedeuten, wie sie sich verhalten, ohne ihre Philosophie zu kennen, ohne zu wissen, was für sie gut, schlecht, bzw. höflich heißt, ist es sehr schwer, eine gute Verhandlung zu führen, weil es Verständnisprobleme geben kann, die einen daran hindern, die Geschäfte zu Ende zu bringen."* *(m / K / ca. 55J)*

Wir wollen, dass Sie bei Ihrer ersten Begegnung nicht sofort ins „Fettnäpfchen" treten. Jedes vermiedene Verständnisproblem erhöht die Chance, dass Sie Ihre geschäftliche Unternehmung zum Erfolg führen.

Die Menschen

Es ist Weisheit, andere zu kennen. (Laotse)

Als erstes wollen wir uns einen Eindruck von den Menschen verschaffen, denen man in China begegnet. Unser Interesse gilt ausschließlich den Chinesen, die in China geboren und aufgewachsen sind, nicht jedoch den Auslandschinesen, die außerhalb Chinas groß geworden und von der Kultur anderer Länder geprägt sind. Auch diese Auslandschinesen sehen ihre große geschäftliche Chance und das „schnelle Geld" im wirtschaftlich boomenden China. Dank ihrer Kompetenzen und ihres Know-hows werden sie von der chinesischen Regierung sehr umworben und animiert, wieder in ihre Heimat zurückzukehren.
China ist ein Vielvölkerstaat und besteht aus einer sehr heterogenen Gesellschaft. Die Beschreibung einer typischen Chinesin bzw. eines typischen Chinesen ist durch diese Unterschiedlichkeit kaum möglich. Eine Interviewte meint dazu:

„Alle denken, Peking und Shanghai seien China; das ist es nicht, da steckt noch so viel mehr dahinter, und diese Infos haben die wenigsten." *(w / D / ca. 30J)*

In einem Land, das so groß wie Europa ist und ca. 25 mal der Fläche von Deutschland entspricht, verwundert es nicht, dass sich die Nord- von den Südchinesen, die Ost- von den Westchinesen, die Stadt- von der Landbevölkerung oft sehr extrem unterscheiden. Dass arme Bauernfamilien von den Stadtmenschen manchmal mit bösen Blicken gestraft und der enge Kontakt mit ihnen vermieden wird, hat die deutsche Autorin in Shanghais öffentlichen Verkehrsmitteln selbst erlebt.

Wenn man über Monate und Jahre geschäftlich zusammenarbeitet, möchte man wissen, mit welchen Menschen man es zu tun hat. Wir erkundigen uns deshalb z. B. bei einem Einstellungsgespräch bzw. bei der Suche eines Geschäftspartners – vorsichtig und mit der nötigen Sensibilität – nach seiner Herkunft. Neben den Einstellungskriterien interessieren u. a. auch, welche Beziehungen ein Bewerber zu wichtigen Institutionen besitzt, welche Erfahrungen er mit ausländischen Geschäftspartnern gemacht hat und welcher Generation er angehört. Eine Interviewaussage bringt diesen Aspekt auf den Punkt:

„… es gibt heute die ganze Palette von Chinesen: Von Auslandschinesen, chinesischen Privatunternehmern, die sind natürlich ganz anders vom Charakter als die, die in Staatsbetrieben groß geworden sind und vielleicht andere Verhaltensregeln oder -muster kennen und gewöhnt sind … . Das heißt, diese klassischen Verhaltensmuster kann man nicht anwenden." *(m / D / ca. 35J)*

Geschäftspraktiken richten sich fast ausschließlich nach den Regeln der *Han*, der mit Abstand größten ethnischen Gruppe. Ein Unternehmer bzw. eine Führungskraft aus Deutschland muss sich vorweg im Klaren darüber sein, dass man seine gewohnten Verhaltensmuster weder bei geschäftlichen noch bei privaten Kontakten mit Chinesen anwenden bzw. erwarten darf. Bei einem Einstellungsgespräch z. B. findet ein Wechsel von Fragen und Antworten statt, es wird ein Verständigungskontakt hergestellt. Aber Vorsicht, die in dieser Frage-Antwort-Situation kommunizierten Botschaften sind zu Beginn einer Kontaktaufnahme meist eine Fallgrube voller Verständnisprobleme. Weder hat der chinesische Partner die gestellte Frage, noch hat der deutsche Partner die Antwortbotschaften verstanden. Beide Seiten interpretieren diese Botschaften in gewohnter Weise jeder nach seinem Verständnishintergrund und deshalb inhaltlich mit großer Wahrscheinlichkeit völlig unterschiedlich. Eine repräsentative Interviewmeinung einer Deutschen zur Frage, ob sie Chinesen „verstehe":

„Nein, selbst nach sieben Jahren Studium. … aber die Situationen sind so unterschiedlich, auch die Generationen, der Generationswechsel ist so groß. Die jungen Leute, die Einzelkinder, die Älteren, das kann man nicht alles sofort aufnehmen." *(w / D / ca. 30J)*

Nach der turbulenten und rasanten politischen und wirtschaftlichen Entwicklung, die China in den letzten Jahrzehnten seit Ende der Kulturrevolution und mit Beginn der Öffnungspolitik erfahren hat (siehe Kap. 4), ist es verständlich, dass Unterschiede der Generationen angesprochen werden. Grundlegende gesellschaftliche und soziale Veränderungen in kurzen Zeiträumen haben entscheidend dazu beigetragen, dass chinesische Generationen sich nicht mehr verstehen:

„… Als Ausländer muss man sich einfach oft eingestehen: … Das ist für uns nicht nachvollziehbar." *(w / D / ca. 45J)*

Es ist unmöglich und wäre falsch, das Bild eines „typischen Chinesen" mit „typischen Wertorientierungen" definieren zu wollen. Traditionell steht in China die Gemeinschaft im Vordergrund. So wie die westliche Welt von den Philosophien des klassischen Altertums der Griechen und Römer geprägt ist, so beeinflusst das Wertesystem des Konfuzianismus heute noch das Verhalten und Leben der Chinesen. Die traditionell höchste Tugend war es, die Autorität übergeordneter bzw. älterer Personen uneingeschränkt anzuerkennen. Sie besteht überwiegend auch heute noch. Bei Beachtung dieser Regel hatte jeder einen Freiraum, in dem man sich insoweit bewegen konnte, als man mit dem eigenen Handeln nicht den Respekt und die Pflichten dem anderen gegenüber verletzt. Daraus entwickelte sich die absolute Wichtigkeit der Pflege von Beziehungen, die sich in einem starken Gemeinschaftsgefühl der Gruppe ausdrückt, wie z. B. in Familie, im Freundes- und Kollegenkreis. Diesen Hintergrund muss man kennen, um zu verstehen, dass der Aufbau von geschäftlichen Beziehungen ausschließlich mit dem Aufbau einer Vertrauensbasis zwischen Menschen beginnen kann. Die für Deutsche so bedeutungsvollen sachlichen Themen stehen in den ersten Stunden (evtl. auch Tagen oder Monaten) der Kontaktaufnahme an zweiter Stelle.

So ist auch zu erklären, dass die Chinesen sich als Gruppe gegenüber Ausländern verstehen: Sie sind stolz auf ihr „Land der Mitte". Patriotismus wird – aus Bescheidenheit – meist nicht offen demonstriert, aber er scheint in Äußerungen und Reaktionen unverkennbar durch und lässt sich daraus ableiten. Chinesen halten auch ihr sozialistisches Marktsystem für leistungsfähiger als die europäischen Marktsysteme und als den Kapitalismus ohnehin.

Um sich mental zumindest ansatzweise auf das jeweilige Verhalten seines Gegenübers einstellen zu können, ist es aus den genannten Gründen verständlich, wissen zu wollen, mit welchem „Typ" von Chinesen man es im Geschäftsalltag zu tun hat. Dies kann nur individuell und abhängig von der Person und Situation geschehen. Nicht nur in abgelegeneren Gegenden Chinas kann man heute noch einzelne Menschen treffen, die zum ersten Mal mit einem Ausländer sprechen; das sind keine Einzelfälle. Jedoch ist ein deutlicher Trend zu beobachten, wonach immer mehr weltoffene Chinesen (Studenten, Geschäftsleute) seit Jahren im Ausland leben, studieren oder arbeiten.

Begrüßung

„Ni hao" (Guten Tag)

Die Begrüßung von chinesischen Geschäftspartnern erfolgt heute im wesentlichen nach westlichem Vorbild. Man gibt sich die Hand ohne festen Händedruck und schaut sich kurz in die Augen. Ihr chinesischer Partner vermeidet vielleicht sogar jeglichen Augenkontakt. Die traditionelle chinesische Form der Begrüßung – eine kurze Verbeugung – kommt bei internationalen Geschäftskontakten nur noch selten vor. Um Missverständnisse zu vermeiden, gilt es, vor allem Geschäftspartnern des anderen Geschlechts, wenn überhaupt, dann nur kurz in die Augen zu schauen. Auch wenn Sie Ihr Gegenüber schon längere Zeit kennen, sollten Sie vor allem chinesische Geschäftsleute des anderen Geschlechts keinesfalls mit Wangenküssen und ähnlich engen Körperkontakten erschrecken.

Bei der Begrüßung werden Sie oftmals von einer vielköpfigen Delegation von Geschäftsleuten empfangen, deren Aussehen und Namen Sie möglicherweise nur schwer unterscheiden können. Machen Sie sich darüber keine allzu großen Gedanken. Ihre chinesischen Partner haben mit denselben Schwierigkeiten zu kämpfen. Versuchen Sie möglichst rasch, den Leiter bzw. den Ranghöchsten der chinesischen Delegation auszumachen. Diesem müssen Sie dann bevorzugt Ihre Aufmerksamkeit widmen. China ist nach wie vor sehr hierarchisch strukturiert. Der Ranghöchste der chinesischen Gruppe ist deshalb unbedingt als erster zu begrüßen. Man kann ihn oft automatisch erkennen, wenn sich die Gäste nach ihrer Rangordnung aufstellen. Eine vorrangige Begrüßung von Frauen – allein wegen des Prinzips „Ladies first“ – wäre unpassend. Ist der Ranghöchste einer Delegation oder einer Verhandlungsrunde nicht auszumachen, dann sollte der ranghöchste Deutsche sich nach ihm erkundigen oder er geht zuerst auf den Ältesten zu. Stellen ggf. auch Sie ihre Delegation in hierarchischer Ordnung vor. Das gibt Ihren chinesischen Partnern Sicherheit beim ersten Auftritt, denn niemand darf vor den Kopf gestoßen oder gar beleidigt werden. Die junge Generation sieht das – besonders in den Großstädten – gelassener und geht meist der Reihe nach vor.

Bei einer Begrüßung lassen Sie sich genügend Zeit für den Kontaktaufbau. Das erste Gespräch ist zunächst höflich distanziert. Man bewahrt die Form und kann sich gegenseitig nicht oft genug versichern, dass man sich auf das Geschäftstreffen freue. Es werden gegenseitig Komplimente ausgetauscht, z. B. über die Schönheiten oder positiven Seiten der jeweiligen Länder, ihre Produkte, etc. – auch wenn man das nicht unbedingt so empfindet. Um das Gespräch aufzubauen und in Gang zu halten, sucht man nach Gemeinsamkeiten, wie z. B. Autos, Sport, gutes Essen, Reisen. Lassen Sie sich ausreichend Zeit für den ersten menschlichen Kontaktaufbau. Ausreichend Zeit heißt: Mindestens Stunden, vielleicht auch der erste halbe oder ganze Tag. Gelingt es in dieser Phase, die persönliche Anfangsdistanz ab- und erstes Vertrauen aufzubauen, dann wirkt sich das verkürzend auf die Dauer der gesamten Besprechung aus, in der dann überwiegend die sachlichen Themen behandelt werden.

Während der Begrüßung oder zum Ende der Besprechung werden Geschenke ausgetauscht, die als Zeichen von gegenseitiger Wertschätzung und Respekt gelten. Sie sind sehr sorgfältig und ansprechend eingepackt und müssen dem Farbcode entsprechen (siehe „Was man sonst noch wissen sollte“). Vor allem bei der Planung finanziell aufwendiger Geschäftsverbindungen sollte man nicht am Geschenk sparen. Geschenke sollten nützlich oder kunstvoll und von Dauer sein. Man schenkt daher meist keine Blumen, Wein, Pralinen und ähnliches, sondern etwas Praktisches und Typisches aus der heimischen Region, aus Deutschland oder aus Europa. Es soll für den Geschäftspartner eine positive und bleibende Erinnerung sein. Mit dem Rang des Gastes wächst der Wert der Geschenke; der höchstrangige Partner erhält das wertvollste. Der Beschenkte öffnet in der Regel sein Geschenk nicht vor seinen Gästen – dies gilt als unhöflich und neugierig.

Visitenkarten

> Wer den Namen hat, hat auch das Recht. (chin. Sprichwort)

Ohne eigene Visitenkarte ist man in China ein „Niemand“. Die Visitenkarte ist allgemein ein wichtiges erstes Kontaktinstrument, vor allem im Umgang mit externen Geschäftspartnern. Sie ist aus chinesischem Blickwinkel ein Abbild der Gesellschaftsstruktur. Sie zeigt den Bildungsstand eines Menschen an und verrät seine gesellschaftliche und geschäftliche Position. Zum einen stellt man sich selbst vor, zum anderen bringt sie ein potenzielles geschäftliches Interesse zum Ausdruck [15 / S. 26]. Das wird von allen Geschäftspartnern so gesehen. Aufgrund der Unterschiede in Sprache und Schrift spielt sie aber bei ersten (geschäftlichen) Kontakten eine exponierte Rolle [21 / S. 42]. Eine Interviewte meint:

> *„Also der Tag, an dem man keine Visitenkarte dabei hat, weil gestern die letzte vergeben wurde, ist immer grauslich. Man fühlt sich wie ein halber Mensch, ohne Visitenkarte läuft gar nichts.“* *(w / D / ca. 55J)*

Sie sollten also immer Karten in ausreichender Menge parat haben, denn jeder

Teilnehmer bzw. Gesprächspartner sollte eine erhalten. Die Visitenkarte sollte zweisprachig bedruckt sein: Chinesisch-englisch, ggf. chinesisch-deutsch. Sie sollte folgende Elemente enthalten:

- Den Namen des Unternehmens, bei dem man arbeitet.
- Titel und geschäftliche Rangstufe (im Folgenden wird meist nur noch kurz vom „Titel" gesprochen) sind sehr wichtig: Sie erlauben eine angemessene Einordnung in die soziale und geschäftliche Hierarchie. Da es in der chinesischen Gesellschaft nicht üblich ist, sich selbst und seine eigene Leistung hervorzuheben („sich selbst zu loben"), erwähnen Chinesen in einem Gespräch in der Regel niemals direkt ihren Titel, ihren sozialen Status oder ihr Amt. Dies wird als „unbescheidenes Verhalten" gewertet. Jedoch auf der Visitenkarte ist bei der Wahl des Titels kein Understatement angebracht. Zum einen vermittelt man seinem asiatischen Partner einen verlässlichen und seriösen Eindruck; zum anderen findet man leichter Zugang zu dem in der Hierarchiestufe gleich- oder höherrangigen Vorgesetzten [21 / S. 43].
- Den eigenen (westlichen) Namen und, sofern möglich, einen chinesischen Namen. Mit Unterstützung eines Dolmetschers sollte man sich einen wohlklingenden, für Chinesen aussprechbaren Namen auswählen [6 / S. 29], [15 / S. 26], [21 / S. 42]. Die deutsche Autorin bekam z. B. von ihrem Sinologie-Professor einen zweiteiligen, bedeutungsvollen chinesischen Namen: Kong Jia Ling. „Kong" ist mit dem ersten Schriftzeichen des Namens von Konfuzius identisch. Er wird deshalb von Chinesen sehr positiv eingeschätzt. Die beiden anderen Zeichen „Jia Ling" bedeuten soviel wie „Schöner Jadestein". Bei vielen Unterhaltungen war der chinesische Name und seine Bedeutung ein willkommener Einstieg für den Beginn eines Gesprächs. Umgekehrt besitzen fast alle Chinesen, die mit Ausländern Kontakt haben, ganz selbstverständlich einen englischen Namen, der ihnen z. B. von ihren Professoren gegeben wird, bei denen sie die Sprache erlernen. Aber auch unter Geschäftspartnern kann man das Vergnügen haben, als Taufpate einen englischen Namen für einen Mitarbeiter auswählen zu dürfen; so geschehen bei einem Praktikum in Beijing. Der chinesische Name des Mitarbeiters war Xiao Xian Zhe – er wurde auf den Namen Kevin „getauft". Manche Chinesen entscheiden sich für einen englischen oder deutschen Namen, um beruflich die Kommunikation zu vereinfachen. Also wundern Sie sich nicht, wenn Sie es plötzlich mit einer chinesischen Heidi oder einem Peter zu tun haben.

Einer der Befragten erzählte, dass sein deutscher Chef keinen Titel für ihn auf der Visitenkarte wollte. Die von mehreren Seiten bestätigte Meinung des Interviewten dazu:

> *„... Aber jeder, der im Chinageschäft tätig ist, wird dir sagen, das ist absolut unmöglich, du kannst keine Visitenkarte haben, wo kein Titel drauf ist. Es sei denn, jeder weiß, dass du der ‚Big Boss' bist ...."* (m / D / ca. 45J)

Eine chinesische Interviewte betont nochmals die Wichtigkeit des Titels, der in Deutschland eine andere Bedeutungsdimension hat (auf die Bedeutung des Gesichts, das in der chinesischen Gesellschaft eine bestimmende Rolle spielt, wird im Abschnitt „das chinesische Gesichtskonzept" detailliert eingegangen):

> *„Chinesen legen großen Wert auf den Titel, wenn sie die Visitenkarte bekommen. Mit einem großen Titel zeigen sie einem mehr Re-*

spekt. Es ist egal, was diese Person tatsächlich macht. In der Firma kommen Angestellte zu mir, die sagen: ‚Könntest du mir bitte einen besseren Titel geben, weil ich mit Kunden verhandeln muss. Ich will ‚ein Gesicht' und ich will, dass ich die Dinge problemlos erledigen kann'." *(w / C / ca. 55J)*

Zur Begrüßung werden Visitenkarten ausgetauscht; in der Regel überreicht der Gast seine zuerst. Die beidhändige Übergabe ist Tradition und nach wie vor die Regel; sie kann geradezu schon als Mythos bezeichnet werden. Nach Meinung von zwei chinesischen Autorinnen wird sie aus Gründen des „Gesichts" [31 / S. 97] und der Höflichkeit [22 / S. 151] mit beiden Händen gegeben und auch mit beiden Händen entgegengenommen. Man bedankt sich und der Respekt gebietet es, die überreichte Visitenkarte kurz zu lesen, auch dann, wenn man das Geschriebene nicht verstehen sollte oder man kein gesteigertes Interesse am Überreichenden selbst hat. Die deutsche Autorin beobachtete während eines Praktikums in Beijing, dass die Visitenkarten meist mit beiden Händen übergeben wurden. Eine einfache Regel ist, abzuwarten wie der Chinese die Karte übergibt und sich dann seinem Gegenüber individuell anzupassen. Ein Befragter bestätigt diesen Weg:

„... und wenn er es so macht, dann mache ich es auch so, also da kann man nichts falsch machen aus meiner Sicht." *(m / D / ca. 35J)*

Bei einer Übergabe mit beiden Händen kann man i. Allg. nach wie vor nichts falsch machen. Aber es gibt zunehmend Ausnahmen. Daran starr festzuhalten ist, wie die folgenden Schilderungen aus der Praxis zeigen, nicht immer ratsam. Interviewpartner berichten von lokalen, vor allem aber von generationsspezifischen Unterschieden:

„... gerade hier in Shanghai akzeptiert man auch, wenn ein Ausländer diese Regel nicht einhält." *(m / D / ca. 35J)*

Man kann dies auch als Ausländerbonus bezeichnen, welcher die Bereitschaft ausdrückt, „einem Mitglied einer anderen Kultur in gewissen Bereichen und in einem gewissen Ausmaß ein Überschreiten der für Mitglieder der eigenen Kultur geltenden Toleranzgrenzen zuzugestehen" [16 / S. 76]. Es darf deshalb davon ausgegangen werden, dass bei einer Kommunikation nicht jede Abweichung von der erwarteten „Normalität" zu Konflikten führt [17 / S. 19]. Eine nicht unerhebliche Gefahr besteht, wenn man sich – gestützt auf eigene, gewachsene Erfahrungen – in ehrlichem Bemühen auf den vermeintlichen Stil des anderen einstellt und diesen nachahmen möchte. Wenn diese Erfahrungen sich zu Überzeugungen im Sinn von „Das ist so und nichts anders!" verfestigen, kommt das dem Charakter von Vorurteilen oder Stereotypen sehr nahe [16 / S. 77]. Eine Interviewpartnerin schildert an einem praktischen Erlebnis, welche paradoxe Situation entstehen kann, wenn sich beide gleichermaßen auf das andere kulturelle Gegenüber einstellen [16 / S. 78]:

Die interviewte Chinesin arbeitete für ein australisches Unternehmen. Sie begleitete ihren obersten Chef zu einem Treffen mit einer chinesischen Firma. Ein Kommunikationsproblem entstand, als ein junger chinesischer Angestellter der besuchten Firma auf den Akt der Übergabe der Visitenkarte mit beiden Händen verzichtete. In der Annahme, der Australier erwarte dies nicht, legte der chinesische Partner die Visitenkarte einfach auf den Schreibtisch. Der China-erfahrene Australier wertete dies jedoch als Respektlosigkeit, da er sich inzwischen auf die Übergabe der Visitenkarte mit beiden Händen eingestellt hatte. (w / C / ca. 55J)

Was lernen wir aus diesem Beispiel? Beide Partner verhalten sich angepasst – jeder aus seiner Sicht. Wenn beide ausreichend tolerant sind, werden sie über so eine Situation lachen. Problematisch wird es dann, wenn einer von beiden das Verhalten des anderen aus einer emotionalen Sicht bewertet. Die traditionelle Regel der Übergabe von Visitenkarten mit beiden Händen kann – zumindest in einer Weltstadt wie Shanghai – nicht (mehr) ungeprüft als „typisches" Verhalten eines jeden Chinesen vorausgesetzt werden. Gerade die jungen Großstadtmenschen in China passen sich gerne den westlichen Gepflogenheiten an. Deshalb ist ihnen z. B. die Art der Übergabe einer Visitenkarte im Grunde gleichgültig. Ein Befragter demonstriert:

> *„Es gibt heute Chinesen, die kommen so an – zack {wirft Visitenkarte auf den Tisch} ... Ich gebe die Visitenkarte inzwischen mit einer Hand."* *(m / D / ca. 35J)*

Die verschiedenen Aussagen der Interviewten zum Thema Visitenkarte und insbesondere deren Übergabe machen deutlich, dass im Prozess der interkulturellen Begegnungen Mischformen entstehen. Bei einer Interaktion „variiert das Ausmaß der erwarteten Unterschiede, die Differenziertheit der Erwartungen und die Bereitschaft, Andersartigkeit zu akzeptieren" sehr dynamisch und hängt stark von individuellen „Erfahrungen, Training, Sensibilität und anderen Persönlichkeitsvariablen" ab [16 / S. 76]. Es entstehen zunehmend Situationen, in denen eine wechselseitige Anpassung erfolgen muss. Neue spezifische Interaktionsformen, die für die aktuell entstandene Interkultur repräsentativ sind, können nur dynamisch aus der jeweiligen Situation heraus entstehen oder geschaffen werden [26 / S. 104]. Die Lern- und Adaptionsfähigkeit der Menschen bestimmt, wie lange diese Anpassungsprozesse dauern und inwiefern es überhaupt möglich ist, eine Interkultur zu bilden.

Verhandeln

> Wer nicht den richtigen Namen hat, kann nicht richtig verhandeln. Wer nicht richtig verhandeln kann, erzielt kein Ergebnis.
>
> (chin. Sprichwort)

Die Geschäftsverhandlungen sollten gut vorbereitet sein. Bei der Sitzordnung ist zu beachten, dass dem Ranghöchsten der „beste" Sitzplatz zugeordnet wird. Das heißt, dieser schaut mit dem Gesicht zur Tür und nicht zur Wand. Stellen Sie vorab – wenn möglich gemeinsam mit Ihrem chinesischen Partner – eine Übersicht zur Ausgangsposition der Verhandlung zusammen. Wichtige Inhalte dabei sind insbesondere die Namen aller Teilnehmer, inklusive der vorläufigen Telefonnummern. Auch die Person, die den Vertrag unterzeichnen wird, sollte namentlich festgehalten werden. Eine Übersicht über alle bisher ausgetauschten sachlichen Dokumente und Informationen per Telefon, Fax oder E-Mail, wenn möglich in chronologischer Reihenfolge, ist hilfreich. Eine Programmübersicht mit Ort und Zeitplan inklusive eines Vorschlags zum Begleitprogramm, wie Besichtigungen von Städten oder Sehenswürdigkeiten, sollte vorbereitet werden. Eventuell ist auch die Ausarbeitung einer gemeinsamen strategischen Zielsetzung der geschäftlichen Unternehmung sinnvoll. Durch die Feststellung der Anwesenheit des Entscheidungsträgers, der letztendlich den Vertrag unterschreibt, kann zum Beispiel gleich zu Anfang ermittelt werden, ob jemand mit Vollmacht am Verhandlungstisch sitzt, oder ob hier nur eine „Vorhut" zur Filterung und Sondierung von Geschäftsmöglichkeiten teilnimmt.

Unterlassen Sie es, kritische sachliche Punkte und Themen auf diese Liste zu setzen. Ihr chinesischer Verhandlungspartner hätte dafür kein Verständnis. Das sind schließlich Konfliktthemen, bei denen größte Gefahr besteht, dass gleich zu Beginn der Verhandlungen die Harmonie aus dem Gleichgewicht kommt und dass jemand sein Gesicht verlieren könnte. Die genannte Zusammenstellung dient dem gemeinsamen Verständnis und darf keine Überraschungen enthalten. Sie gibt in den ersten

Stunden der persönlichen Kontaktaufnahme beiden Seiten eine gewisse Sicherheit. Legen Sie Broschüren über ihre Firmen und Produkte dazu. Heben Sie dabei Menschen hervor, z. B. die Person und Familie des Firmengründers. Ganz bestimmt kommen auch Beschreibungen zur Historie des Ortes bzw. der Stadt gut an, in der die Verhandlung stattfindet und Hinweise auf Sehenswürdigkeiten in der näheren Umgebung.

Eröffnen Sie eine Verhandlung keinesfalls mit den sachlich „knallharten Fakten". Es empfiehlt sich, trotz Begrüßungszeremonie und Austausch der Visitenkarten, nochmals alle Teilnehmer nach Rangfolge mit Titel und Verantwortlichkeit vorzustellen, da zu befürchten ist, dass bei der Begrüßung sich nicht alle auf Anhieb verstanden haben. Durch diese erste Wiederholung zeigen Sie, dass Ihnen die Menschen sehr wichtig bei dieser Verhandlung sind. Im Gegensatz zu westlichen Gepflogenheiten und Vorgehensweisen sollten Sie sich für den Beginn der Verhandlungen nicht darauf vorbereiten, sofort die sachlichen Aspekte wie Produkte oder Leistungen Ihres Unternehmens vorzustellen. Zunächst kommt es darauf an, Ihre Persönlichkeit (und die der Teilnehmer) „anzubieten". Vermitteln Sie Vertrauenswürdigkeit, zeigen Sie, dass Sie seriös sind, ohne arrogant zu sein. Vermeiden Sie dabei vordergründige Schmeicheleien. Geben Sie ein Bild Ihrer Persönlichkeit und legen Sie dabei Wert auf Aspekte wie: Glücklich mit einem Partner, einer Familie zu sein; die Ausbildung der Kinder; Ihr gesellschaftlicher Einfluss z. B. im Stadt- oder Gemeinderat oder in einem Verein. Erwähnen Sie ehrenamtliche Tätigkeiten und wohltätige Unterstützungen; zählen Sie Ihre Hobbys auf und mit welchen einflussreichen Personen Sie sich z. B. im Golf- oder Tennisclub treffen; erzählen Sie, wohin Sie gerne reisen usw. Es macht positiven Eindruck, wenn Sie erkennen lassen, dass Sie sich ein teures Auto und eine Weltreise leisten können. Aber treten Sie dabei nie großspurig auf, sondern bleiben Sie bescheiden in Ihrer Wesensart. Danach geben Sie Ihrem Gast ausreichend Zeit, auch sich selbst in entsprechender Weise vorzustellen.

Lassen Sie die Verhandlung dann leicht und spielerisch angehen. Machen Sie erst ein „Aufwärmtraining", indem Sie z. B. an das erste Telefonat mit einem ihrer Gesprächspartner erinnern und weisen Sie dabei auf gemeinsame Interessen hin. Versuchen Sie durch den Hinweis auf Gemeinsamkeiten ein erstes „Wir-Gefühl" herzustellen. Oder stellen Sie Ihr Dorf / Ihre Stadt (historisch) vor. Fragen Sie in die Runde, ob jemand Interesse hat, einige der vorgestellten Sehenswürdigkeiten oder evtl. einige weitere zu besuchen. Sind Sie nicht überrascht, wenn hier spontane Wünsche ausgesprochen werden: Ihre Gesprächspartner sind wahrscheinlich sehr gut informiert und darauf vorbereitet. Versichern Sie, dass die gewünschte Besichtigung ein sehr guter Vorschlag ist, und dass Sie (oder jemand gleichen Ranges aus der Gruppe, der den Ort sehr gut kennt) gerne die Begleitung und Führung wahrnehmen wollen, weil Sie selbst immer wieder „gerne dort" sind. Erkundigen Sie sich unbedingt, ob weitere Personen in Begleitung sind, die z. B. im Hotel warten. Bedenken Sie, dass aufgrund fehlender Sprachkenntnisse diese Menschen sonst den ganzen Tag an das Hotel gefesselt wären. Sind das (Ehe-) Partner, dann versuchen Sie ein entsprechendes, persönlich orientiertes Begleitprogramm mit den deutschen (Ehe-) Partnern oder guten Freunden der Teilnehmer zu organisieren. Handelt es sich um ältere Kollegen, dann unterlassen Sie es auf keinen Fall zu fragen, was Sie tun können, um deren Aufenthalt so angenehm wie möglich zu gestalten. Sind Sie sich im klaren darüber, dass dies wahrscheinlich die erfahrenen Berater bzw. die eigentlichen Entscheider im Hintergrund sind. Erstellen Sie erst dann gemeinsam ein Sachprogramm, in das jeder seine detaillierten Wünsche und Erwartungen zu Gesprächsinhalten einbringen kann. Vermeiden Sie beim Sprechen direkten langen Blickkontakt, der eher als zudringlich, denn als aufmerksam empfunden wird. Unterschätzen Sie nicht das Talent, das Engagement und die Arbeitslust Ihres chinesischen Partners bei den Verhandlungen, die sich hinter seinem bescheidenen Auftreten verbergen. Seine spielerische Mentalität wird Ihnen als wichtigste Tugenden Geduld, vor allem aber Gelassenheit und Hartnäckigkeit abfordern. Bringen Sie ausreichend Zeit mit, um bei den „Spielen auf Zeit" nicht nervös zu werden oder unter Druck zu geraten. Auch wenn Ihnen das geschäftliche Spiel oftmals als ein mühsames Geduldsspiel vorkommen mag, für Ihren chinesischen Partner sind Taktik und Spiel die Basis bei Verhandlungen. Trotz oder gerade wegen der Einordnung von Verhandlungen als Spiel gelten bestimmte Spielregeln und Rituale, die man beim Umgang mit chinesischen Geschäftspartnern unbedingt beherrschen und – soweit möglich – anwenden sollte. Die in diesem Kapitel 2 beschriebenen praktischen Erfahrungen und Erlebnisse sind hilfreich bei der Beurteilung von Verhaltensweisen, von Reaktionen, aber auch von ausbleibenden Reaktionen, wenn eigentlich welche erwartet werden.

Eine ganz spezielle Spielart sind die Strategeme. Der chinesischen Autorin zufolge kennen die meisten Chinesen diese 36 Strategeme; sie wachsen in Selbstverständnis damit auf; sie lernen damit umzugehen und ihre Ziele notfalls auf Umwegen zu erreichen. In Verbindung mit der praktischen Lebensweisheit des Konfuzius sind Strategeme dann ein starkes Werkzeug, wenn sie professionell angewendet werden (siehe „Strategeme").

Ein Chinese wird Ihnen selten ein Angebot machen, das kurz und bündig akzeptiert oder abgelehnt werden kann. Der erfolgreiche Geschäftsabschluss ist für einen chinesischen Partner immer das Ergebnis umfangreicher – aus deutscher Sicht sich oft langwierig hinziehender – Verhandlungen. Er liegt in einer für beide Partner akzeptablen Mitte, die aber zunächst keiner kennt und die es auszuloten gilt. Mit der chinesischen „Mentalitätsbrille" gesehen muss der Geschäftsabschluss beide Parteien „das Gesicht wahren" lassen. Seien Sie flexibel und zeigen Sie Entgegenkommen. Sie dürfen das umgekehrt auch erwarten. Absolute Voraussetzung ist die ständige und wohlmeinende Versicherung gegenseitigen Respekts. Mit Drohungen, Ultimaten, lautem Ton und ähnlichem wird man in China nichts erreichen. Setzen Sie niemanden unter Druck: Ihr Partner und auch Sie selbst könnten ihr Gesicht verlieren – unterschätzen Sie das nicht. Wozu sollte man auch Druck machen? Denn lange Verhandlungen tragen zum Aufbau von Beziehungen bei; man lernt sich besser kennen.

Deutsche steuern bei Verhandlungen i. Allg. aus Gewohnheit zielgerichtet auf einen möglichst schnellen sachlichen Geschäftsabschluss zu. Kritische Punkte werden als „wichtig für die Diskussion" eingestuft und stehen deshalb ganz bewusst an erster Stelle der Tagesordnung. Schließlich muss man sich dazu ja möglichst rasch einig werden, alles andere ist ohnehin schon weitgehend klar. Deutsche kommen in die Verhandlungen mit klaren Vorstellungen und Zielen zu Produkt und Preis. Sie neigen zur Vorformulierung sachlich wichtiger Themen: Der Vertragstext oder Teile davon liegen oft als Entwurf bereits vor. Für Chinesen ist es völlig indiskutabel und unvorstellbar, dass in einem von deutscher Seite „vorausgedachten" Entwurf zu einem Vertrag bereits Lösungen zu Themen vorformuliert sind, über die noch nie gesprochen wurde. Sehen wir einfach mal, wie ein Chinese die Deutschen bei Verhandlungen erlebt:

> Erste Frage: Was ist in Ihrem Geschäftsgebiet bei Verhandlungen, Verträgen usw. in China anders als in Deutschland?

Antwort: „Deutsche sind nach meiner Meinung sehr planungsorientiert. Z. B. machen sie Geschäfte, sie verhandeln mit einem Partner und da haben sie alles bestens vorbereitet und schon alles in einem Vertrag klar formuliert, so als wäre alles von beiden Seiten akzeptiert. Nicht wahr, ohne diese Vorbereitung würden sie nicht vorgehen."

Zweite Frage: Dann müssen also schon alle Einzelheiten auf dem Tisch liegen?

Antwort: „Bis ins letzte Detail und gut vorbereitet, wissen Sie, keine Flexibilität in einem Vertrag für Eventualitäten ... das Volumen, die Lieferung, das Datum usw., einfach alles bis ins letzte Detail. Aber Chinesen sind anders. Sie möchten erst etwas ausprobieren. Sie wählen den Vertrag oder einen Besprechungsbericht oder das Abkommen aus, das man erreicht hat. Und dann sagen sie: Fangen wir einfach mal an und probieren wir's erst aus. Wenn es Probleme gibt, dann kommen wir wieder zusammen und besprechen es erneut, oder so ähnlich. Es ist total anders." (w / C / ca.55J)

Chinesen bevorzugen ein stetes Austesten der Positionen und Wünsche des Gegenübers. Dies kann zu einem langwierigen „Vor und Zurück" bzw. zu einem wiederholten Kreisen um ein einziges Thema führen. Für den chinesischen Partner bleibt das Geschäft bis zum Schluss offen. Wichtige Themen kommen am nächsten Tag oder den darauf folgenden wieder zur Sprache. Der verständliche Wunsch deutscher Geschäftspartner, erste Zwischenergebnisse für alle verbindlich festzuschreiben, ist deshalb nur schwer durchzusetzen. Es kann passieren, dass bei der Fortsetzung der Verhandlungen am nächsten Tag ganz neue Personen erscheinen, die von den bereits getroffenen Vereinbarungen nichts wissen (wollen) und Ihnen möglicherweise vollkommen neue Vorschläge und Konditionen unterbreiten. In diesem Fall hilft es, wenn Sie die Hierarchie Ihrer Geschäftspartner kennen. Bauen Sie vor allem zum Geschäftsführer bzw. zum Senior der Gruppe eine persönliche Beziehung auf. Das sind letztendlich die Entscheider, die sich ohne weiteres gegen ihre Mitarbeiter durchsetzen und die zuvor im Verhandlungskreis ausgehandelten sachlichen Ergebnisse und Konditionen festschreiben können.

Ist das Ziel ein gemeinsamer Vertrag, dann werden dort alle relevanten Punkte abschließend festgehalten. Einen unterschriebenen Vertrag betrachtet der deutsche Partner als das Ende der Verhandlungen und de facto als Gesetz, das es anzuwenden gilt (lat.: Pacta sunt servanda). Die Umsetzung der im Vertrag beschlossenen Punkte kann nun erfolgen. Der chinesische Partner sieht das nicht unbedingt so: Er betrachtet den Vertrag eher als den Beginn von Gesprächen bzw. einer Partnerschaft. Darin festgehaltene Punkte sind aus seiner Sicht für einen geschäftlichen Start formuliert und haben eher vorläufigen Charakter. Was da festgehalten ist, wird probiert und getestet. Wenn es die Umstände erfordern oder wenn man etwas „besser" machen kann, dann kann und sollte das die bestehende vertragliche Abmachung jederzeit ablösen. Der chinesische Partner wird zumindest versuchen nachzuverhandeln. Es hat wenig Sinn, zu glauben, dass man dies durch spitzfindige Formulierungen gänzlich verhindern kann. Schließen Sie Verträge mit soliden Formulierungen, aber im Sinne von „Treu und Glauben". Ein Geschäft ist dann gut, wenn es beiden Seiten Gewinn bringt. Machen Sie sich umgekehrt diese Eigenart zu Nutze und formulieren auch Sie wichtige Themenpunkte strategisch unverbindlich. Das gibt Ihnen beliebig Spielraum bei späteren Nachverhandlungen.

Chinesische Kommunikation ist durch den Spruch von Laotse geprägt: „Macht selten die Worte, dann geht alles von selbst". Deshalb sind Redepausen ein durchaus wichtiger Teil beim Verhandeln. Sie werden auch als strategisches Element eingesetzt, um den Verhandlungspartner zu Zugeständnissen zu bewegen. Den Deutschen hingegen sind Redepausen während eines Wortwechsels unangenehm. Sie sind versucht, ungewohnte Pausen mit Worten zu füllen. Wir empfehlen unseren Lesern eindringlich: Versuchen Sie Redepausen zu ertragen und nutzen Sie die Zeit zum Nachdenken. Beobachten und beurteilen Sie, ob das gerade behandelte Thema etwa sensibel sein könnte und die Verhandlung nur deshalb ins Stocken geriet.

Auch wenn man zugleich spielerisch und in der Sache hart verhandelt, sollte man seinem Gegenüber stets respektvoll begegnen. Geben Sie Ihrem Partner zu keinem Zeitpunkt das Gefühl, dass Sie in der stärkeren Verhandlungsposition sind. Zeitlicher Druck oder gar öffentlich zur Schau gestellte Wut und Empörung über „stockende" Verhandlungen helfen definitiv nicht weiter. Im Gegenteil bewirken sie wahrscheinlich zusätzliche Verzögerungen. Es gilt, in jeder Situation das Gesicht zu wahren, selbst Herr der Lage zu sein und dem anderen gleichwohl Bewegungsspielraum zu lassen. Wie auf einem orientalischen Markt ist alles Verhandlungssache. Ergebnisse müssen mit Geschick durch stetiges Handeln und Abwägen langsam, oft sogar außerordentlich mühsam, erarbeitet werden.

Bei den Interviews mit Führungskräften aus verschiedenen Branchen kristallisierte sich heraus, dass „formelles Verhalten" eine unterschiedlich große Rolle spielt und abhängig davon ist, ob man Geschäfte mit staatlichen Institutionen oder mit Privatunternehmen macht. Eines ist jedoch allen gemeinsam: Es ist schwierig, Geschäfte zu realisieren, ohne dass sich die Geschäftspartner auch persönlich kennenlernen. Voraussetzung für einen erfolgreichen Geschäftsabschluss sind die menschlichen Beziehungen zwischen den Unternehmern selbst bzw. zwischen den verantwortlichen Geschäftsführern oder Vorständen. Richtig zufriedenstellende Geschäftsabschlüsse setzen zwar erfolgreiche, nüchtern sachliche Entscheidungen und Ergebnisse voraus, aber sie kommen nur zustande, wenn sich die Geschäftspartner vorab gut verstehen bzw. näherkommen. Chinesen bevorzugen langfristige Partnerschaften gegenüber einem einmaligen Geschäftsvorgang. Bei kleineren Geschäftstätigkeiten ist es auch in China durchaus mal üblich, diese nur telefonisch oder schriftlich abzuwickeln, ohne großen direkten persönlichen Kontakt. Bei Geschäften mittleren bis größeren Umfangs ist das aber unmöglich. Chinesische Unternehmer machen ungern Geschäfte mit Leuten, von denen sie nur wenig wissen. Dies gilt erst recht für Ausländer. Die anfängliche natürliche Distanz zwischen Geschäftspartnern wird von Chinesen als unangenehm empfunden und sollte möglichst rasch überbrückt werden. Deshalb muss „das tiefergehende Kennenlernen der menschlichen Seite eines Geschäftspartners als ein Teil des ‚Geschäftes' und als ein Schlüssel zum geschäftlichen Erfolg erkannt und akzeptiert werden" [21 / S. 93]. Der Aufbau einer vertrauensvollen Beziehung und die Berechenbarkeit des Partners sind Schlüsselkriterien. Man will nicht zuletzt die Fähigkeit und die Bereitschaft einschätzen können, wie jemand in Problemfällen handelt, um daraus seine Verlässlichkeit ableiten zu können. Ein Befragter meint:

> *„Es ist eine ganz andere Form des Verhandelns. Dieses sich vorher Beschnuppern findet viel länger statt und ist viel wichtiger als bei einem deutschen Geschäftstermin. Da würde es recht schnell zur Sache gehen…" (m / D / ca. 45J)*

Die obige Aussage und die Erfahrungen der Autorinnen bestätigen, dass persönliche Beziehungen in China vorrangig durch informelle Kommunikation hergestellt werden. Im Abschnitt „Kritik" wird ausführlich erläutert, weshalb die Chinesen – vor allem bei sensiblen Themen – gerne so verfahren. Diese Erkenntnis drückt sich auch im folgenden Interviewauszug aus:

„... In China wirst du erst mal relativ lange kommunizieren, ohne dass es überhaupt um Geschäfte geht. Vielleicht geht man miteinander Essen und da wird es über die Familie gehen, über das Leben schlechthin und noch gar nicht übers Geschäft." (m / D / ca. 45J)

Im Gegensatz dazu hat für Deutsche laut Schroll-Machl [29 / S. 45ff] bei der beruflichen Zusammenarbeit die Sache, um die es geht, äußerste Priorität. Sachorientierung ist ein deutscher, sog. zentraler Kulturstandard. Falls man seine Geschäftspartner sympathisch findet, wird dies lediglich als ein positiver Nebeneffekt vermerkt. Das heißt nicht, dass in Deutschland die Beziehungsebene keine Rolle spielt. Aber die Art, wie die sachliche und die persönliche Ebene bewertet werden und im Verhältnis zueinander stehen, unterscheidet sich doch ziemlich stark.

Deutsche haben bei Verhandlungen mit Chinesen sehr oft nicht den gewünschten Erfolg, ihre Anliegen, Ideen und Ziele ein- bzw. weiterzubringen und das Gespräch auf die für sie relevant erscheinenden Aspekte zu lenken. Die folgende Erfahrung liefert hierzu eine mögliche Begründung:

„... das macht man so, dass man erst mal ein paar Sätze ‚Small Talk' macht. Über Nettigkeiten schafft man eine schöne Atmosphäre. Aber dann muss man das tun, was der chinesische Gesprächspartner natürlich auch tut: Keine Sekunde aus den Augen verlieren, was man will! ... Also ich hab schon – wo bei Gesprächen das Thema eher heikel war – also unangenehm für die Chinesen, ... da habe ich Gespräche erlebt, die in einer Stunde nie über den Austausch von diesen Freundlichkeiten hinausgegangen sind. Und das wird meines Erachtens dann auch von Chinesen bewusst eingesetzt. Die spielen dann einfach diese Schiene ‚freundlich': ‚Ach wie schön'; ‚Sind Sie ein großer Chinakenner' und ‚Ach und überhaupt' und der Deutsche fühlt sich so gebauchpinselt, fühlt sich gebadet in Wohlbefinden, dass er dann nachher rausgeht und hat sein Anliegen überhaupt nicht angebracht..." (w / D / ca. 55J)

Auf die Frage, ob dies öfter passiert, kommt die aufschlussreiche Antwort:

„Ja, also immer wenn die Chinesen es drauf anlegen. Meine Behauptung ist, wenn es die Chinesen drauf anlegen, spielen sie dieses Instrument {des Ausweichens} so perfekt, dass fast jeder Deutsche ... drauf reinfällt." (w / D / ca. 55J)

Auf die Anschlussfrage, ob dies eine gezielte Vorgehensweise der chinesischen Seite sei, folgt ein klares *„Ja!"*. Dieses Vorgehen ist auf eines der Strategeme zurückzuführen (siehe „Strategeme"). Durch ihre „Sachorientierung" betrachten Deutsche „Small Talk" und ausgedehnte persönliche Kontakte im Allgemeinen als unnütze Zeitverschwendung [29 / S. 54]. Der Deutsche ist diese Verhaltensweise der chinesischen Geschäftspartner nicht gewohnt. Sie lässt ihm keine Möglichkeit, die Situation einzuschätzen. Sie macht ihn, ohne dass er sich dessen bewusst ist, zum Opfer der chinesischen Kommunikationstechniken. Interessant ist auch der Vergleich dieser Deutschen mit dem „perfekten Spiel eines Instruments". Dass sich hinter der folgenden Beobachtung eine Beeinflussungstaktik der chinesischen Seite verbirgt, lässt sich – in Unkenntnis der Strategeme – nur schwer erkennen:

„... bei Verhandlungen ist das teilweise schon so, dass sich zehn Leute in einem Raum treffen und dann sind wieder fünf weg und gehen woanders hin und dann kommen wieder drei andere ..." (m / D / ca. 35J)

Auch diese Taktik basiert auf einem der Strategeme und bedeutet – übertragen auf eine Verhandlungssituation: „Änderung der Verhandlungspartner und des Ortes". Sie dient dazu, die Verhandlung zu destabilisieren, wenn sie sich nicht im Sinne der chinesischen Partner entwickelt [2 / S. 82]. Außerdem hat die chinesische Seite durch den zahlenmäßigen Überhang an Personen einen psychologischen Vorteil. Ein weiterer Zweck der chinesischen Mannschaft ist, möglichst viele Kollegen an den Verhandlungen mit ausländischen Partnern teilnehmen zu lassen und somit Erfahrungen zu sammeln [20 / S. 116]. Durch die neuen Verhandlungspartner sollte in den Augen der Chinesen die Verhandlung von Neuem beginnen. Somit können frühere Aussagen und Ergebnisse wieder revidiert und im Sinne der chinesischen Partner „verbessert" werden. Wohl dem, (i) der solche Situationen als Spiel und Taktik durchschaut und (ii) dem dann auch noch eine angemessene, schlaue Abwehrtaktik dazu einfällt. Ein deutsches „Poltern„ nach dem Motto „und ich bestehe darauf" oder ein lauter Ton nützen in diesen Fällen überhaupt nichts. Im Gegenteil, man gilt danach als unhöflich. Auf eine List dieser Art kann man nur mit einer Gegenlist reagieren. Laut Lee [20 / S. 116] sollte man – wie in obiger Situation – den neuen Personen auf keinen Fall alles bisher Verhandelte erneut erklären. Sie schlägt vor, den „Spieß umzudrehen" und die neuen Teilnehmer z. B. zu fragen, welche Meinung sie von den bisherigen Ergebnissen haben und ob sie bei bestimmten Punkten noch Klärungsbedarf benötigen. Die deutsche Seite könnte diesen Taktiken zum Beispiel auch dadurch begegnen, dass sie eine einflussreiche Person ins Spiel bringt, um eigenen Aussagen mehr Gewicht zu verleihen [2 / S. 82].

Verhandlungssicheres Englisch ist in China keine Selbstverständlichkeit. Sehr von Nutzen ist bei Verhandlungen ein chinesischer oder deutscher Dolmetscher bzw. Vermittler (siehe „Sprachliche Herausforderungen").

Die Deutschen sind es gewohnt, ein Thema nach dem andern zu behandeln und es dann als erledigt abzuhaken oder ggf. zurückzustellen, wenn man sich nicht sofort einig ist. Entsprechend ihrer Denkweise nähern sich Chinesen einem Thema in kleinen Schritten von verschiedenen Seiten (siehe „Denkweisen"). Die Konsequenz ist, dass dieselben Themen zu unterschiedlichen Zeiten immer wieder auftauchen und mehrfach zur Diskussion gebracht werden. Diese Themen sind die genau wichtigen Punkte und man muss akzeptieren, dass sie dann auch in verschiedenen Protokollen mehrfach zitiert und dokumentiert werden.

Geschäftsessen

> Gute Geschäfte macht man nicht am Konferenztisch, sondern am Esstisch. (chin. Sprichwort)

„Dienst ist Dienst und Schnaps ist Schnaps" heißt ein deutsches Sprichwort und besagt, dass man Geschäftliches und Persönliches streng auseinanderhalten sollte. Die chinesische Mentalität ist hier eine ganz andere. Eine Interviewte schildert ihre Erfahrungen:

> *„...Also die Firma ist deine Familie und die darfst du nicht enttäuschen, also streng dich jetzt an....bildlich gesprochen: Die Firma ist deine Mutter und du bist das Kind. Das wird auch direkt in diesen Bildern vermittelt. Und wenn man jetzt sozusagen nicht gut arbeitet, enttäuscht man die Mutter und das kann dann halt auch direkte Folgen für dich haben."*
>
> *(w / D / ca. 28J)*

Neben dem Überreichen von Geschenken und dem in China überaus großzügigen Verteilen von Komplimenten spielt das Geschäftsessen im chinesischen Geschäftsalltag eine herausragende Rolle. Das gemeinsame Essen ist eine wichtige Fortsetzung der Verhandlungen am offiziellen Verhandlungstisch. Dies gilt auch dann, wenn über die sachlichen Themen selbst gar nicht gesprochen wird. Essen gehört in China als fester Bestandteil zur Abwicklung von Geschäften [21 / S. 78], [31 / S. 111]. Ein Geschäftsessen wird genutzt, um in gelockerter Atmosphäre abseits vom Verhandlungstisch an relevante Informationen zu gelangen [21 / S. 96] und gegenseitiges Vertrauen aufzubauen. Ist man sich als Deutscher dieser Erwartung des chinesischen Geschäftspartners nicht bewusst, dann kann dies unter Umständen negative Folgen haben:

„Also, es gibt Personen oder Geschäftspartner, die sehr sensibel reagieren auf manche Dinge … vor zwei, drei Jahren hatten wir einen unserer {chinesischen} Geschäftspartner zu Besuch {in Deutschland}, …da hatten wir uns nur inhaltlich zusammengesetzt und uns nicht weiter gekümmert. Jetzt im Nachhinein wird uns vorgeworfen, dass wir uns nicht bemüht haben, weil wir sie nicht zum Essen eingeladen hatten …das hat jetzt schon Auswirkungen. Mir war damals nicht bewusst, dass das so wichtig ist. … Wo ich jetzt hier bin {in China}, sehe ich das auch, wie die Chinesen ihre Partner behandeln …" (w / D / ca. 30J)

Während die Deutsche in diesem Beispiel das Verhalten des Chinesen als übersensibel empfindet, bewertet der Chinese wiederum das Verhalten der Deutschen als persönliches Fehlverhalten. Aus seiner Sicht gelten die deutschen Geschäftspartner als nicht seriös. Nach seinem Verständnis nehmen sie ihn und das gemeinsame Vorhaben nicht ernst genug. Seine Bewertung des deutschen Verhaltens erfolgt auf Basis seiner eigenen kulturellen Muster. Er wiederum ist sich nicht bewusst, dass die deutschen Partner andere kulturelle Verhaltensmuster verinnerlicht haben. „Essen gehen" kann für einen Deutschen auch heißen, gemeinsam einen Kaffee zu trinken. Diese einfache Form bietet auch, aber nicht immer, ausreichend Gelegenheit zu informellem Kommunikationsaustausch. Mit großem Einfühlungsvermögen muss man darauf eingehen und erklären, dass die Geschäftspraktiken in Deutschland anders sind: Nicht zum Essen zu gehen ist keinesfalls ein Ausdruck von Desinteresse oder Geringschätzung. Die große Relevanz des Essens beim Abwickeln von Geschäften wird von allen deutschen Befragten bestätigt:

„… wenn du hier das Essen nicht reinbringst, dann ist der soziale Kontakt von Anfang an vergessen und das ist in Deutschland sicher nicht so …" (m / D / ca. 45J)

„… beim Geschäftsessen wird nicht oder relativ wenig übers Geschäft geredet, es geht mehr darum, den anderen einzuschätzen, zu platzieren: Was ist der, was macht der"; (m / D / ca. 45J)

„… und zum Schluss trifft man sich beim Essen, das ist klar. Egal, wer jetzt den Profit macht, wann immer, wo immer man bei einem chinesischen Geschäftspartner ist, man muss essen gehen …" (m / D / ca.35J)

Die folgende Äußerung einer Deutschen unterschätzt völlig den Stellenwert des Essens:

„… wenn es sich anbietet, geht man hinterher gemeinsam zum Mittag- oder Abendessen …" (w / D / ca. 30J)

Die Äußerung „wenn es sich anbietet" muss als völlige Fehleinschätzung chinesischer Erwartungen interpretiert werden. Man kann dadurch den geschäftlichen Erfolg sehr gefährden. Auch chinesische Befragte bestätigen:

„Man legt sehr großen Wert auf das Essen… wenn man meint, das ist ein wichtiger Gast, ein wichtiger Geschäftspartner oder man hat irgendeine Bitte an den Partner,… dann muss man den Partner erst zum Essen einladen …" (w / C / ca. 55J)

Die Verhandlungen, so eine Chinesin, werden zeitlich so arrangiert, dass man nach den Verhandlungen zum Essen gehen kann:

„… Wenn wir einen Vertrag abschließen wollen, vereinbaren wir eine Zeit am Nachmittag so gegen vier Uhr. Um ca. 6:00 Uhr gehen wir dann zum Abendessen,… um den Partner glücklich zu machen." (w / C / ca. 55J)

Eine gängige Grußformel aus früherer Zeit lautet „Ni chi le ma" („Haben Sie gegessen?"). Sie betont den bis heute hohen Stellenwert des Essens in China. Eine weitere, für deutsche Ohren ungewohnte Art, sich zu grüßen, ist: „Ni shou le" („Hast Du abgenommen?"). Diese Art der Begrüßung soll nur signalisieren, dass man sich wahrgenommen hat [22 / S. 125]. Zu Anfang kann dieser Fragegruß verständlicherweise Unbehagen bereiten, da man zunächst nicht weiß, was und wie man antworten soll. Durch Beobachtung stellt man aber rasch fest, dass inhaltlich meist gar keine Antwort erwartet wird. Sie dient eher dazu festzustellen, in was für einem Gemütszustand sich die Person befindet, ob sie zufrieden oder eher unzufrieden ist. Selbstverständlich sind auch die für Deutsche geläufigen Kommentare über das Wetter oder die Fragen „Ni hao ma" („Wie geht's Dir?") bzw. „Ni gan shen me ne" („Was machst Du?") üblich. Der Rat eines Chinesen verwundert nicht, den er auf die Frage gibt, wie man sich auf China vorbereitet. Er verwendet hier ein Bild aus dem Bereich des Essens:

> *„…prepare your mind foodwise!"*
>
> *(m / C / ca. 46J)*

Er meint damit, dass sich jeder schon vorher damit befassen soll, dass er in China nicht sein heimisches Schnitzel auf dem „Verhandlungsteller" vorfinden wird. Man sollte aus Respekt gegenüber seinem Geschäftspartner offen für die neuen aber oft ungewohnt schmeckenden kulinarischen Köstlichkeiten sein. Schlagen Sie auf keinen Fall vor, „zum Italiener zu gehen", das findet bei Chinesen nicht unbedingt begeisterte Zustimmung.

Private Einladungen nach Hause bleiben in China überwiegend der Familie und dem engeren Freundeskreis vorbehalten. Sie sind unter Geschäftspartnern nicht üblich oder erst dann, wenn die Partnerschaft sich zu einer engen freundschaftlichen Beziehung entwickelt hat. Dies sollte aber niemanden von dem deutschen Brauch abhalten, einen chinesischen Partner oder Kollegen auf ein Glas Wein oder Bier bei einer zünftigen Vesper in sein Haus einzuladen. Das geschieht letztendlich doch auch in der Absicht, die Beziehungen enger zu knüpfen.

Chinesische Festtage (siehe „Was man sonst noch wissen sollte") dienen vor allem dem Zusammenkommen mit der Familie. Es werden aber auch Einladungen an Besucher und Geschäftspartner ausgesprochen. Eine ganz wichtige Gegenleistung sind angemessene Geschenke, mit denen man sich für die große Ehre der Einladung bedankt. Vergessen Sie nicht, sich während der Gespräche immer wieder zu bedanken mit einem Lob auf das gute Essen, mit einem Toast auf ein langes Leben, auf die vertrauensvolle geschäftliche Zusammenarbeit und auf das große Glück des Hausherrn mit einer so wunderbaren Familie. Chinesen lieben heitere lebensbejahende Gespräche. Stören Sie nicht eine harmonische Atmosphäre durch Beschwerden, durch Äußerungen der Enttäuschung, oder durch das in Deutschland verbreitete „Negativreden". Lernen Sie zu unterscheiden zwischen Floskeln der Bescheidenheit (aus Höflichkeit) und negativen Äußerungen, die jede harmonische Stimmung aus dem Gleichgewicht bringen.

Kultur des Essens

Wie bei Verhandlungen, so ist auch beim Essen die Sitzordnung nicht unwichtig. Dem Ranghöchsten gebührt auch hier der beste Sitzplatz. Eine Orientierung kann z. B. die Faltung der Servietten bieten: Die für den Hauptgast oder den VIP sind anders gefaltet. Falls alle Servietten gleich gefaltet sind, gilt auch hier: Der Hauptgast schaut mit dem Gesicht zur Tür. Bis die besten Folgeplätze besetzt sind, kann es dauern: Jeder möchte aus Höflichkeit dem anderen den Vortritt lassen.

In China werden Sie meist auf ungewohntes Essen treffen. Insbesondere hat die echte chinesische Küche wenig mit dem zu tun, was man in Deutschland in den Chinarestaurants serviert bekommt. Da Ihre Geschäftspartner wissen, dass Ihnen chinesisches Essen fremd ist, werden Sie nicht in die Verlegenheit kommen, selbst bestellen zu müssen. Im Allgemeinen übernimmt der Ranghöchste der chinesischen Geschäftspartner die Bestellung für alle. Die Speisen werden in der Mitte des Tisches aufgestellt, oft auf einem runden Drehtablett, von dem sich alle bedienen. Die Gäste beginnen. Der rücksichtsvolle, weltgewandte Chinese wird dabei einige Speisen bestellen, von denen er annimmt, dass sie den Geschmack von Europäern treffen könnten. Oftmals werben Restaurants für ihre angebotenen Speisen in einem Schaufenster. Es ist verständlich, dass sich Europäer dort vor allem die ihnen unbekannten Speisen wie Schildkröten, Frösche oder Schlangen genauer ansehen. Achten Sie darauf, dass Sie diesen ausgefalleneren exotischen Speisen nur dann sichtbare Beachtung schenken, wenn Sie diese auch wirklich probieren wollen. Ihr Geschäftspartner beobachtet Sie dabei. Ihre Gestik könnte ihn veranlassen, genau diese mitunter sehr teuren Spezialitäten zu bestellen. Natürlich wird erwartet, dass Sie von allen Speisen probieren, vor allem aber dann von diesen Spezialitäten. Dazu eine kleine Anekdote eines UdM:

> *„Einer aus unserer {Geschäfts-} Gruppe bekam gegrillte Zikaden angeboten. Er wollte sich nicht lumpen lassen und hat eine gegessen: Einer der chinesischen Gastgeber wollte ihn dabei fotografieren. Das hat aber nicht gleich funktioniert, deshalb bat der Fotografierende, er möchte nochmals eine essen. Der Arme saß direkt neben mir. Er hat versucht zu lächeln. Aber ich habe geglaubt, der wird die nächsten Sekunden sterben. Der ging wie ein Chamäleon von rot auf weiß." (m / D / ca. 50J)*

Einer interviewten Chinesin, die schon seit sieben Jahren in Deutschland wohnt, wird die immer wiederkehrende Frage gestellt, ob Chinesen wirklich Hundefleisch verzehren. Zur Aufklärung sei gesagt: Es ist eine Spezialität, die nicht jeder Chinese isst. Wie in Deutschland Schwein, Huhn und Hase auf dem Speiseplan stehen, so wird die chinesische Speisekarte in einigen Restaurants noch um Hund ergänzt. Natürlich verspeist man keine Haustiere.

Restaurants in China verfügen selten über Messer und Gabel. Deshalb kann es nicht schaden, wenn man zu Hause unbeobachtet den Umgang mit Essstäbchen übt, bevor man seine Künste vor aller Öffentlichkeit demonstriert. Komplimente zu der hervorragenden Auswahl und Zusammenstellung des Essens werden immer gerne gehört und können nicht oft genug gemacht werden. Auch ist üblich, dass man beim ersten Geschäftsessen einen Toast auf erfolgreiche Verhandlungen ausspricht und auf etwas Persönliches, wie z. B. Gesundheit und langes Leben. Bei den weiter folgenden Geschäftsessen lobt man die gute Zusammenarbeit und die persönlichen Beziehungen, die man aufbauen konnte. Beim Abschlussessen stößt man gemeinsam auf eine erfolgreiche geschäftliche Unternehmung an und wünscht sich immer wieder ein langes Leben. Chinesen bestellen grundsätzlich mehr Speisen als man wirklich essen kann. Nichts ist peinlicher für sie, als ein spärliches knappes Essen aufzutischen. Ein UdM erzählt:

> *„Auch wenn ich ganz viele Dinge nicht gekannt hab, ich hab's trotzdem probiert. Ich war positiv überrascht, was für eine Vielfalt da geboten wurde. Es war zwar ungewöhnlich. Es war völlig fremd, auch die Art, wie man dort isst. Und dann die ‚Ganbei' {trinken auf Ex}, noch und nöcher." (m / D / ca. 38J)*

Geht eine der vielen Speisen zur Neige, dann sorgt umgehend einer der Gastgeber für Nachschub. Zum Essen wird in der Regel Tee getrunken, der immer nachgeschenkt wird. Zusätzlich werden während des Essens Bier (z. B. sehr gutes aus Qingdao = Tsingtau) oder/und Schnaps (Baijiu) bevorzugt. Wein, Reiswein oder Pflaumenbranntwein, wie wir ihn hier in Deutschland aus den Chinarestaurants kennen, wird in China ganz selten getrunken. Die meisten Chinesinnen lehnen diese harten Getränke ab, oft auch jeden Alkohol. Es ist Sitte, dass ein Glas nie leer werden soll, deshalb wird bei einem halb leeren Glas sofort nachgeschenkt. Hat man definitiv genug, dann lässt man sein Glas einfach weitgehend voll stehen. Dasselbe gilt übrigens für das Essen. Hat man genug, lässt man einen Rest auf dem Teller liegen: Wer seinen Teller komplett leert, der bekommt immer wieder nachgeschöpft.

Chinesen unterhalten sich oft sehr temperamentvoll und laut, vor allem wenn Alkohol fließt. Vor einem beliebten Spiel sei gewarnt: Die Chinesen wollen gerne testen, ob die Deutschen so trinkfest sind, wie ihnen der Ruf vorausgeht. Aus der vielköpfigen Gruppe der Gastgeber (bzw. der Besucher) steht einer nach dem andern auf, geht auf Sie zu, spricht einen Trinkspruch auf Sie aus und fordert Sie auf, das Glas mit ihm zu leeren. „Ganbei" entspricht dem deutschen „Prosit", bedeutet aber wörtlich übersetzt „Austrinken". Da Sie sich diesen Einzelaufforderungen nur schwer entziehen können, gibt es eine einfache Möglichkeit, dem entgegenzuwirken und das Spiel umzudrehen. Stehen Sie frühzeitig auf und stoßen mit allen Gastgebern gleichzeitig auf einen erfolgreichen Geschäftsabschluss an. Keiner hat weiterhin Veranlassung, mit Ihnen einzeln auf ein langes Leben zu trinken. Bei großen Gruppen und Delegationen schont dieses Vorgehen ganz erheblich Ihre Leber und reduziert die Wahrscheinlichkeit eines schweren Kopfes mit verminderter Denkleistung am nächsten Verhandlungstag.

Ganz allgemein fällt in China auf, dass nach europäischem Empfinden recht ungesittet gegessen wird. Beim Trinken zu schlürfen, während des Essens zu schmatzen und nach dem Essen aufzustoßen sind ganz normale Essgewohnheiten. Knochen auf dem Tisch und am Boden sind nicht außergewöhnlich und – aus chinesischer Sicht – kein Beweis für eine schlechte Kinderstube (siehe „Verhalten und Benehmen"). Die Chinesen werden seit kurzem durch einen Verhaltensknigge darauf aufmerksam gemacht, dass diese Gewohnheiten von westlichen Besuchern nicht als normal empfunden werden [54]. Eine befragte Chinesin weist auf einen Modetrend hin:

> *„Viele Geschäftsleute aus Shanghai sind sehr daran interessiert, etwas von den westlichen Ländern zu lernen … sogar wie die Leute dort essen …"* *(w / C / ca. 55J)*

Ein Schweizer Geschäftsmann nutzt dieses Interesse wirtschaftlich und bietet in China eine besondere Art des interkulturellen Trainings an. Er bringt Chinesen u. a. westliche Tischsitten und Tischmanieren bei:

> *„Also wir kochen ein 4-Gänge-Menü für die ganzen Leute. Ich esse dann zuerst den Salat, ich zeige, wie ich den Salat esse, mit einem Stück Brot zusammen… ich zeige ihnen, wie ich die Suppe esse. Sage ihnen, dass man bei uns nichts hört, zeige, wie man den Löffel hält… Ich stelle niemanden bloß. Dann wissen sie später, auf was sie achtgeben müssen."* *(m / S / ca. 46J)*

Sein Training bereitet Chinesen – vor allem auch für den Auslandseinsatz – auf die Gepflogenheiten westlicher Geschäftsleute vor, u. a. auf deren unterschiedliche Tisch- bzw. Trinkkultur. Umgekehrt ist es auch für einen Ausländer in China von großer Wichtigkeit, über dortige Tischsitten Bescheid zu wissen. Es gibt einige Verhaltensweisen und Regeln, die man beachten sollte (siehe u. a. [6 / S. 12f], [21 / S. 110ff]). Stäbchen senkrecht ins Essen zu stecken ist z. B. unbedingt zu unterlassen. Es gehört nämlich zum traditionellen ostasiatischen Totenkult auf Friedhöfen und anderen Gedenkstätten, Reisschalen mit darin steckenden Stäbchen abzustellen. Auch wenn es beim Essen normalerweise laut zu geht, sollte man unterlassen, mit Stäbchen und Löffeln an das Geschirr zu klimpern, wie es in

Deutschland üblich ist, wenn z. B. jemand eine Rede halten möchte. Dies machen nur Bettler, um die Aufmerksamkeit der Passanten auf sich zu lenken. Falls man nicht viel trinken will, ist man mit der Aussage, eine Allergie zu haben oder gerade Medikamente einzunehmen, gut beraten. Ein Chinese klärt die deutsche Autorin über weitere Möglichkeiten zur Vermeidung von zuviel Alkoholgenuss auf, ohne dabei die erwartete Höflichkeit zu verletzen:

> *„Also entweder ich besteche den Ober vorher. Das heißt, er schenkt nur mir anstelle von Schnaps immer Wasser ein. Oder aber ich engagiere einen Begleiter, der für mich trinkt. Das wird auch akzeptiert."* *(m / C / ca. 48J)*

Beim gemeinsamen Essen und Trinken erwartet die deutschen Geschäftsleute eine noch weitgehend ungewohnte chinesische Eigenart. Mit dem Alkoholpegel steigt unweigerlich die Bereitschaft und auch die Erwartung an alle, ihre Geselligkeit unter Beweis zu stellen. Eventuell wird man aufgefordert, ein (deutsches) Lied zu singen, ein Gedicht aufzusagen, eine Melodie mit einem Instrument zu spielen, kurz, sich in irgendeiner Weise an der allgemeinen Unterhaltung und Belustigung zu beteiligen. Nichts wäre in so einer Situation unangebrachter, ja peinlicher, als sich zu verweigern. Dies umso mehr, als es durchaus passieren kann, dass einer der chinesischen Gesprächspartner ein deutsches Lied oder Gedicht vorträgt.

Höhepunkt chinesischer Geselligkeit nach dem Geschäftsessen ist oft der gemeinsame Besuch einer Karaoke-Bar. Gerne erinnert man sich an Lieder aus der Vergangenheit zurück, von denen man mühsam wenigstens eine der Strophen noch ungefähr zusammenbringt. Bedenken Sie, es wird hier nicht ihre Professionalität im Singen bewertet. Was zählt, ist einzig und allein, ob und wie Sie sich einbringen und mitmachen. Tun Sie es also Ihren Geschäftspartnern gleich und geben zu begleitender Musik ein kleines Lied oder einen weltweit bekannten Pop Song zum Besten – so gut Ihnen das eben gelingt. Unterschätzen Sie all diese Geselligkeiten nicht. Sie sind ein ganz wesentlicher Beitrag, Vertrauen aufzubauen.

Gesprächsthemen

Bei Gesprächsthemen, die von privaten Themen bzw. den geschäftlichen Sachthemen abweichen, ist Vorsicht geboten. Chinesen sind ein stolzes Volk. Sie sind zwar durchaus interessiert und wollen wissen, wie China vom Ausland gesehen wird. Vermeiden Sie aber unbedingt, politische Themen wie Menschenrechtsverletzungen, die Unabhängigkeit Taiwans und Tibets oder ähnlich brisante Themen anzusprechen. Kritik an der Regierung und an der Partei verbietet sich genauso wie harsche Kritik an der eigenen (deutschen) Regierung. Kommt das Gespräch gleichwohl auf politische Fragen Chinas, sollte man sich äußerst zurückhaltend äußern und ggf. auf ähnliche Situationen im eigenen Land verweisen.

Im Allgemeinen werden meist Fragen zum persönlichen Umfeld gestellt. Vor allem werden Komplimente und Respektsbekundungen ausgetauscht. Dabei geht es nicht unbedingt um die Wahrheit; es ist einfach freundlich gemeint. Man geht nicht darauf ein oder stellt gar etwas richtig, sondern man sucht selbst eine Gelegenheit, diese Nettigkeiten zu erwidern. Es werden auch Themen angesprochen, über die man in Deutschland nicht immer so offen spricht, wie z. B. Reichtum, Karriere, Verdienst, Position, Macht, ein schönes großes Auto usw. Auch wenn die Sprachkenntnisse noch so rudimentär sind, loben Chinesen gerne die „guten" Chinesisch- oder Englischkenntnisse des anderen. Die Kunst, den anderen mit „Honig im Mund" („Zui shang tu mi") – so der wörtlich übersetzte chinesische Ausdruck – zu unterhalten, will gelernt sein. Sie ist ein wichtiges Element der Gespräche beim Essen und hat nichts mit dem zu tun,

was in Deutschland umgangssprachlich „Schleimen" genannt wird. Es dient der Harmonie der Begegnung und dem „Aufbau der Gesichter" aller Anwesenden (siehe „das chinesische Gesichtskonzept"). Sie können jeden chinesischen Geschäftspartner leicht für sich einnehmen, indem Sie z. B. den gelungenen Weltallflug der Taikonauten erwähnen. Auch hört jeder Chinese gerne Vorschusslorbeeren zur Olympiade 2008 in Beijing, wo die Chinesen die Nummer Eins im Medaillenspiegel werden wollen, auch wenn das aus Bescheidenheit niemand aussprechen würde.
Beim Essen entsteht unter anderem die Gelegenheit, dem chinesischen Partner anzubieten, die Firma oder die Familie in Deutschland zu besuchen. Dies bringt Sympathiepunkte ein und ist mit Sicherheit ein guter Ausgangspunkt für ein Gespräch. Beim Essen kann auch jederzeit weiterverhandelt werden. Eine angenehme harmonische Atmosphäre ist nicht selten der Grund für einen geschäftlichen Durchbruch binnen Minuten bei Themen, die am Konferenztisch oft während stunden- und tagelanger Verhandlungen blockiert waren.
Ihr chinesischer Partner freut sich über die gute Stimmung des Augenblicks und ein gutes Gespräch. Man glaubt dann oft, die Stimmung steigern, etwas „drauflegen" zu müssen. Das ist nicht notwendig! Alles ist ausgewogen harmonisch. Vorsicht und äußerste Zurückhaltung ist geboten bei der deutschen Art von Humor und Witz. Die gehen meist auf Kosten von anderen Menschen und Nationen. Deshalb wird auch oft die Pointe nicht verstanden. Dies kann sich negativ auf die Stimmung auswirken. Die negative Wirkung ist, dass der Witzeerzähler sehr rasch sein Gesicht dabei verlieren kann. Das lässt sich nachempfinden, wenn man an eine Situation denkt, bei der zotige oder peinliche Witze erzählt wurden. Auch sollte man ironische Bemerkungen aus demselben Grund vermeiden. Umgekehrt ist es für Deutsche oft schwer, Witze nachzuvollziehen oder diese überhaupt als solche zu erkennen, wenn Chinesen sie in einer Fremdsprache erzählen.

Bezahlung

Ein neues Spiel beginnt, wenn es ans Bezahlen im Restaurant geht. Das in Deutschland (und anderen Ländern) übliche Aufteilen der Rechnung ist in China ganz und gar unüblich und würde einem als peinlicher Geiz angelastet. Vielmehr wird jeder darauf bestehen, die ganze Rechnung zu übernehmen. Auch Sie sollten sich an diesem Spiel beteiligen. Lassen Sie beim ersten Mal sich nicht sofort wie selbstverständlich einladen, sondern bestehen Sie zuvor wort- und gestenreich darauf, die gesamte Zeche zu übernehmen. Schließlich beugen Sie sich dankend dem Gastgeber und loben die hervorragende Auswahl des Restaurants und die exzellente Zusammenstellung des Essens. Sollten Sie mehrmals zum Essen gehen, ist es durchaus angebracht, dass Sie sich auch einmal durchsetzen und bezahlen. Eine Möglichkeit ist, den Gang zur Toilette vorzutäuschen und an der Kasse des Restaurants die gesamte Rechnung zu begleichen. Empfehlenswert ist für diese Fälle ein ausreichender Vorrat an Bargeld. Vor allem in den chinesischen Restaurants, abseits von den Touristenströmen, hat sich die Bezahlung mit Kreditkarten bisher noch kaum durchgesetzt.
Man gibt heute auch schon Trinkgeld an Orten, die von Touristen besucht werden und zunehmend in westlich beeinflussten Großstädten wie Shanghai und Hongkong. In traditionellen Restaurants wird Trinkgeld aus Bescheidenheit meist nicht akzeptiert und teilweise auch als Beleidigung angesehen. Aber die Bedienung hört gerne ein paar freundliche Worte und der Koch freut sich über ein kleines Lob.

Verabschiedung

Die Verabschiedung kann in China sehr schnell ablaufen. Ist der Ranghöchste der chinesischen Geschäftspartner müde oder will gehen, wird er dies ohne lange Ankündigung einfach tun. Seine Mitarbeiter werden alles stehen und liegen lassen und sich ihrem Chef anschließen. Der Gastgeber verabschiedet seine Gäste aber unbedingt nochmals mit Handschlag und gibt gute Wünsche mit auf den Weg. Neben Glück und Erfolg wünscht man sich – anders als in Deutschland – auch hierbei regelmäßig Reichtum und ein langes Leben. Der Respekt gebietet es, entweder ebenfalls aufzubrechen, zumindest aber seinen Gast bzw. Gastgeber bis zur Türe zu begleiten und ihm nachzusehen oder nachzuwinken, bis er außer Sichtweite ist. Die Begleitung bis mindestens zur Türe oder auch zum Auto, zur Bushaltestelle etc. gilt im Übrigen auch bei privaten Besuchen als gute Sitte. Wenn Sie diese Besonderheiten im weiteren Umfeld des Geschäftsessens beherzigen, dann dürfen Sie davon ausgehen, dass sich die folgenden Verhandlungen am Konferenztisch einfacher gestalten. Auch sind die Voraussetzungen für einen erfolgreichen Geschäftsabschluss bestens erfüllt.

Der Familienclan

> Wer nicht in die Spuren der Alten tritt, kann nicht erwarten, den Weg in das Innere, zum Wesentlichen, zu finden. (Konfuzius)

Enge familiäre Bindungen haben in China Tradition. Chu bezeichnet sie als Pfeiler der chinesischen Kultur [6 / S. 73]. Viele Chinesen fühlen sich nicht nur ihren engsten Familienmitgliedern verbunden, sondern dem gesamten Familienclan zugehörig [15 / S. 56]. Der Clan ist ein Auffangnetz für Familienmitglieder im weitesten Sinn.

Ein in den Medien sehr heftig diskutiertes Thema ist die Kindererziehung, weshalb wir auf einige wesentliche Unterschiede kurz eingehen. In Deutschland herrscht die weitläufige Meinung, dass Kinder von den Eltern erzogen werden sollten. Der Charakter eines Kindes wird zumeist mit einem Elternteil in Verbindung gebracht – nach dem Motto „ganz die Mutter". Eine für viele Chinesen fast unglaubliche Realität ist die Tatsache, dass viele deutsche Mütter drei (und mehr) Jahre auf ihre Berufsausübung verzichten, um ihre Kinder zu erziehen:

> *„Ich kenne eine Frau, die Abteilungsleiterin bei einer Bank war. Nach der Geburt ihres Kindes war sie nur noch als Mitarbeiterin in Teilzeit angestellt. Ich finde das so schade. Frauen, die so viel Zeit in ihr Studium investierten: Wofür haben sie eine Diplomarbeit geschrieben?"*
> *(w / C / ca. 30J)*

Im Gegensatz zu Deutschland bekommt man in China nach der Geburt eines Kindes nur drei Monate gesetzlich frei. Ab einem Alter von drei Monaten steht allerdings jedem Kind ein Platz im Kinderhort bzw. im Kindergarten zur Verfügung. Chinesische Kinder werden schon sehr früh von entsprechend ausgebildeten Fachleuten betreut. Auch der Aspekt der Chancengleichheit hat starkes Gewicht beim chinesischen Modell. An Abenden, Wochenenden und in der Freizeit steht ausreichend Zeit zur Verfügung für gemeinsame Familienprogramme. Das Kind wird von der ganzen (Groß-)Familie erzogen und nicht nur – wie in Deutschland üblich – von meist nur einem Elternteil. Diese Vorstellung stößt oftmals bei deutschen Eltern nicht gerade auf Verständnis. Allerdings bleibt zu beweisen, inwiefern eine eng begrenzte Erziehung überwiegend durch die Eltern positive Auswirkungen auf das Kind haben soll. Die gemeinsame Erziehung durch den chinesischen Familienclan entspricht auch mehr dem späteren realen Leben, wo ein Mensch mit vielen verschiedenen Personen Kontakt haben wird. Es kann nicht schaden, diese Erfahrung schon im frühen Kindesalter zu machen, wenn man in der Obhut abwechselnd von Geschwistern, Omas, Opas, Onkel, Tanten und Freunden groß wird. Jeder trägt auf seine Weise einen Teil zur Erziehung bei. Das Kind wird schon sehr früh mit der realen Welt, bestehend aus

verschiedensten Meinungen und Verhaltensweisen, konfrontiert.
Chinesen finden es unverständlich, dass erwachsene Kinder ihre Eltern nicht regelmäßig besuchen und der persönliche Abstand zu den Familienmitgliedern oft groß ist, eher vergleichbar mit einem nachbarschaftlichen Verhältnis. „Der Konfuzianismus legt großen moralischen Wert auf die Liebe der Eltern zu den Kindern und der Ehrfurcht der Kinder gegenüber den Eltern" [7 / S. 48]. Für Chinesen ist die Familie aus verschiedensten Gründen sehr wichtig, u. a. weil das Sozialsystem noch nicht ausgereift ist. Eltern haben hohe Erwartungen an ihre Kinder: Sie sollen sie im Alter unterstützen, bei Krankheit oder auch bei Arbeitsunfähigkeit. Traditionell erzogene Kinder fühlen sich ihren Eltern gegenüber dazu verpflichtet. Eine allgemeingültige chinesische Regel lautet: Wenn die Kinder klein sind, sorgen die Eltern fürs Kind und wenn die Eltern alt sind, sorgen die Kinder für die Eltern. Eine deutsche Führungskraft ergänzt diese Beobachtung:

> *„... Dass einen die Eltern geboren haben und groß gezogen haben, macht man am besten durch Erfolg wieder gut." (w / D / ca. 55J)*

Die deutschen Kinder dagegen sind vordergründig materiell entlastet. Der moralisch verpflichtende Aspekt den chinesischen Eltern gegenüber hat Tradition, bekommt aber zunehmend weniger Gewicht, wie ein Deutscher beobachtet:

> *„Wir sprechen hier erst mal von einem riesigen Generationsgap. Die Eltern verstehen sich nicht mit den Kindern. Die Werte sind komplett unterschiedlich. Die Erfahrungen sind komplett unterschiedlich. Es ist auch vom finanziellen Machtspiel oft so, dass die Kinder das drei- oder vierfache verdienen, was die Eltern verdient haben, obwohl sie über 40 Jahre Berufstätigkeit hinter sich haben. Die Ziele sind komplett unterschiedlich. Die chinesischen Generationen verstehen sich untereinander gar nicht. Wie sollen die auch? Die ältere Generation können sie nicht verstehen, weil sie auch die Erfahrung mit der Kulturrevolution nicht mitgemacht haben,... die ja gar nicht so lange zurück liegt. Das ist für uns nicht nachvollziehbar." (m / D / ca. 45J)*

Vielen jungen Chinesen bereitet das Prinzip der traditionellen Fürsorgepflicht, das durch die Eltern-Kind-Bindung sehr bestimmend auf ihr Leben einwirkt, großes Unbehagen und kann als eine große Last empfunden werden. Im Geschäftsalltag macht sich diese Tradition bemerkbar, wenn (Einzel-)Kinder ihre Arbeit unterbrechen und ihren Arbeitsplatz verlassen, um für die Eltern etwas spontan erledigen zu können. Eine deutsche Führungskraft stellt in diesem Zusammenhang fest:

> *„ ...eine Unzuverlässigkeit, so eine Varianz,... die man nicht eingeplant hat, sondern die plötzlich hochkommt und dann muss man mit der Situation irgendwie fertig werden." (w / D / ca. 30J)*

Interessant ist, dass die Befragte das negativ besetzte Wort „Unzuverlässigkeit" mit dem Wort „Varianz" abzuschwächen versucht. Für den chinesischen Mitarbeiter ist es selbstverständlich, für seine Eltern etwas zu erledigen, ohne dies dem Vorgesetzten lange bekannt zu geben. Es ist nachzuvollziehen, dass die überraschende Abwesenheit am Arbeitsplatz in Unkenntnis dieser Hintergründe in den Augen deutscher Führungskräfte als eine Unzuverlässigkeit gewertet wird. Für einen chinesischen Arbeitgeber jedoch ist es selbstverständlich, die Arbeitnehmer frei zu stellen, sobald es eine solche familiäre Situation erfordert.

Beziehungen

> Der Edle ist sorgfältig und ohne
> Fehl; im Verkehr
> mit den Menschen ist er
> ehrerbietig und taktvoll.
> (Konfuzius)

„Ehrerbietig und taktvoll" sollen laut Konfuzius die zwischenmenschlichen Beziehungen sein. Ein Interviewter macht sich dazu Gedanken:

„… ja, aber wie kann man solche Beziehungen aufbauen, das ist eine viel interessantere Frage. … da steht man {zunächst} vor weichen Faktoren, z. B. Vertrauen: Wie kann man gegenseitiges Vertrauen aufbauen und erlangen, wie funktioniert das? Darüber muss man sich Gedanken machen." (m / D / ca. 60J)

Gegenseitiges Vertrauen, Verständnis, Toleranz, Akzeptanz, Entgegenkommen sind gefordert – bei einer interkulturellen Begegnung umso mehr.

„Vitamin B" heißt das flapsig in Deutschland, wenn man seine Beziehungen spielen lässt. In China ist es „Guanxi" („Beziehungen" oder „Beziehungsnetzwerk"), welches allerdings einen größeren Bedeutungsumfang hat und einen hohen positiven Stellenwert ohnehin. Man baut gute Beziehungen zu anderen Menschen auf: Zum einen ist das eine gesichtsbildende Maßnahme; zum anderen erhält man Zugang zu Personen, die einem in vielerlei Situationen helfen können. Wer versucht, ohne Anmeldung etwas bei den chinesischen Behörden zu erreichen, der wird es schwer haben. Man spart als Mittelstandsunternehmer Zeit und Geld, wenn man die richtigen Personen als „Türöffner" nutzt. Bei der Einstellung von Personal sind deshalb persönliche Beziehungen der Bewerber oft wichtiger als deren fachliche Qualifikation.

Selbstverständlich sind Guanxi kein Ersatz für Know-how, Investitionen, eine erfolgreiche Vertriebsstruktur: Jedoch ohne Beziehungen sind in China Ziele nur sehr schwer umzusetzen. Im Westen spricht man vom Aufbau eines Netzwerkes von Menschen (Networking). „Guanxi" in China [41] bedeutet:

„Guanxi" ist manchmal der einzige Weg, um bürokratische Hürden zu durchbrechen bzw. bürokratische Wege zu beschleunigen .

„Guanxi" bedeutet „Kontakte knüpfen". In USA ist das ein Türöffner (man kommt bis zur Tür, den Rest muss man selbst erledigen). In China kann das der Schlüssel zum Erfolg sein, ohne dass man eigene Fähigkeiten besitzt.

Auf die Frage, ob in der chinesischen Geschäftswelt Beziehungen eine Rolle spielen, antworten sowohl die deutschen Führungskräfte als auch die UdMs mit einem eindeutigen Ja. Gute Beziehungen sind der Türöffner für Geschäfte. Sie sind der Schlüssel zur Vermeidung und Überwindung von (bürokratischen) Hürden, sie beschleunigen die Gewährung von Krediten, kurz, sie ermöglichen, was manchmal unmöglich erscheint:

„… also an Leute in der Shanghaier Stadtverwaltung ranzukommen, einen Termin zu bekommen, ist schwierig." (w / D / ca. 30J)

„Geschäfte werden nicht zwischen Unternehmen gemacht, sondern zwischen Personen. Auf diesem Klavier muss man spielen. Wenn Sie einen Termin haben wollen, Sie können anrufen, Sie können hinschreiben, ich hätt' gern einen Termin, es ist schwer. Wenn Sie jemand vorschicken, der den Betreffenden kennt, gut kennt, öffnen sich auf einmal alle Tore. Ich denke mal, das macht es erforderlich, dass man mehr Zeit braucht. Ist aber in China – anderswo auch – der richtige Weg. Das muss man halt wissen." (m / D / ca.50J)

„… diese Guanxi wird manchmal ein bisschen überbewertet … aber klar spielt das eine Rolle beim Eintritt in irgendwelche Geschäftsfelder. …. An solche Leute wie CEOs da kommst du einfach nicht ran …. Aber dann kennst du jemand, der ihn kennt … das ist unheimlich wichtig … und der verschafft dir das." (m / D / ca. 45J)

„Na klar und ob … also Beziehungen, wo man jemand kennt mit dem man studiert hat, oder der auch aus dem gleichen Heimatnest stammt und mit der ganzen Sache {eigentlich}

gar nichts zu tun hat … man hat großes Glück, wenn man solche Beziehungen hat."
(w / D / ca. 55J)

„Guanxi ist … ein Netzwerk von Beziehungen, das irgendwie gewachsen ist, je nachdem, ob man im gleichen Dorf geboren wurde, zur gleichen Schule ging, oder die Väter Parteigenossen waren. Das ist ein Netzwerk, das die Chinesen jeden Tag begleitet." *(w / D / ca. 55J)*

Ein UdM machte bereits nach kürzester Zeit die Erfahrung, dass von Deutschland aus ohne Beziehungen nur schwer Kontakte nach China herzustellen sind. Wenn er hier von deutschen Kammern und sonstigen Anlaufstellen spricht, dann meint er, dass diese wiederum in China über entsprechende „Guanxi" verfügen:

„… man braucht, so habe ich es zumindest mitgenommen, wahnsinnig viele Kontakte … ohne diese Kontakte, so habe ich es auch bereits gemerkt, da lässt sich verdammt wenig machen. Also einfach nur anfangen und einfach nur die Fühler ausstrecken auf eigene Faust: Ich glaube, die Hürde schafft man nicht allein. Man ist immer auf…, ich sag jetzt mal, Hilfe aus dem eigenen Land angewiesen. Vielleicht auf andere Stellen, also es gibt ja genügend, geschäftlich gesehen: Auslandshandelskammern und sonstige Anlaufstellen {siehe Kontakte}. Die hab ich jetzt noch nicht wahrgenommen, weil die Geschäftsreise über die IHK war schon so gut organisiert und vorbereitet, dass diese Kontakte dann aber auch zustande kamen. Es ist schon so eine Organisation, die man braucht, auf die man angewiesen ist." *(m / D / ca. 38J)*

„Guanxi" in Verbindung mit „Hou Tai" markieren den Stellenwert einer Person. „Hou Tai" heißt wörtlich übersetzt „Hinter den Kulissen" im Sinn von „die Fäden ziehen". Das heißt, nicht nur mächtige Beziehungen, sondern auch noch persönlicher Einfluss wirken bei geschäftlichen Entscheidungen wesentlich mit. Wer mit Geschäftspartnern verhandelt, sollte sich deshalb bewusst sein: Die einflussreichste Person ist nicht immer der Chef. Lebensalter und persönliche Beziehungen zählen mehr als der geschäftliche Rang. Die persönlichen Fähigkeiten sind oft überraschend weniger gefragt.

Bei Verhandlungen fällt auf, dass chinesische Partner immer wieder eine Auszeit beantragen. Dies sind wichtige Phasen für die Entscheidungsfindung, die in engem Kreis hinter den Kulissen stattfindet. Dabei ist es nicht außergewöhnlich, dass in diesen Runden ältere Kollegen eingebunden sind, die an der offiziellen Verhandlung gar nicht teilnehmen. Das muss nicht immer so sein. Chu meint: „Wenn eine hierarchisch dem Leiter untergeordnete Person älter als dieser ist und über engere Beziehungen zur Regierung und zur Partei verfügt oder eine starke ‚Hou Tai' hat (vielleicht ist der Onkel seiner Frau ein hochrangiger Regierungsbeamter in Beijing), dann ist er oftmals der eigentliche Entscheidungsträger. Sein nomineller Vorgesetzter erwartet, dass er die Entscheidungen trifft" [6 / S. 27]. Zumindest erwartet man von ihm versteckte Hinweise und Informationen. Man stellt solche Personen gerne als Lobbyisten ein. Sie können einem bei der Erreichung von geschäftlichen Zielen hervorragende Unterstützung geben, wodurch sie natürlich auch z. B. die Position eines Vorgesetzten stärken. Diese Beziehungen wollen durch Gefälligkeiten und Geschenke gepflegt sein.

Das Fundament für den Aufbau und die Pflege von geschäftlichen Beziehungen bilden Menschen. Der sachliche Gegenstand, d. h. das Verhandlungs- bzw. das Verkaufsobjekt ist den menschlichen Beziehungen untergeordnet. Argumentieren Sie deshalb nicht nur sachbezogen, sondern erklären Sie, dass Ihre gemeinsamen persönlichen Beziehungen für beide große Bedeutung haben; dass Sie sich freuen über das in Aussicht stehende Geschäft; dass Sie eine dauerhafte und erfolgreiche geschäftliche Partnerschaft schon lange gesucht und jetzt endlich gefunden haben; dass Sie gemeinsame private Interessen und Hobbys entdeckt haben; dass Sie auf die Unterstützung ihres chinesischen Partners bei der Bewältigung bürokratischer Hürden vertrauen; dass Sie sich freuen, die Familie einmal wieder zu sehen; dass ein gutes Bier auf dem Oktoberfest wartet, wenn Sie sich in Deutschland sehen; dass Sie zusammen die berühmten Königsschlösser besuchen werden etc. Wenn Sie diese Bemerkungen dann auch noch bei einem schönen Essen in entspannter Atmosphäre immer wieder scheibchenweise einflechten, steht einer vertrauensvollen, freundschaftlichen, zukunftsweisenden Beziehung und Zusammenarbeit nichts mehr im Wege.

„Guanxi" und „Hou Tai" sind u. a. der Grund, weshalb ein chinesischer Geschäftspartner fast alles für Sie realisieren kann. Es gibt nichts, das er ablehnen müsste. Sein Netz von Beziehungen erlaubt ihm, jede Forderung, die Sie an ihn stellen, zu erfüllen. Seien Sie deshalb nicht überrascht, wenn Ihnen Ihr Geschäftspartner – neben dem eigentlichen per Vertrag definierten Geschäftsumfang – ein Angebot zu einem völlig andersartigen Zusatzgeschäft macht. Er ist ohne weiteres in der Lage, beliebige Produkte und Leistungen aus einer ganz anderen Geschäftsbranche anzubieten, die mit der eigentlichen geschäftlichen Zielsetzung gar nichts zu tun haben. Sollten Sie eine Komplettlösung wünschen, dann werden Sie diese ohne weiteres bekommen. Um mit einer deutschen Werbebotschaft zu sprechen: „Geht nicht, gibt's nicht". Dieser Slogan gilt insbesondere auch für die Arbeitszeit chinesischer Geschäftsleute. Bei einem interessanten Geschäft sind Chinesen rund um die Uhr zumindest telefonisch zu erreichen. Öffnungszeiten, Feierabend, Wochenende und Urlaub existieren in solchen Fällen nicht (siehe „Zeitmanagement"). Für eine geschäftliche Beziehung ist es üblich, die ganze Familie einzuspannen. Die Männer gehen zusammen in die Bar und trinken auf ihre Gesundheit, die Frauen gehen zum Shopping und die Kinder gehen miteinander auf den Spielplatz.

Während die westliche Kultur das Individuum in den Vordergrund stellt, liegt in China der Fokus auf Beziehungen innerhalb der Gruppe (In-Group). Der Chinese handelt und denkt unter Aspekten der Familie, des Freundeskreises, der Gruppe von Arbeitskollegen. Bestimmend für diese Einstellung ist die Überzeugung, dass die Gruppe stärker – und damit erfolgreicher – ist als der Einzelne. Die Mitglieder einer solchen Gemeinschaft helfen sich gegenseitig auf eine sehr großzügige Weise. Dauerhafte Loyalität sind sichtbare charakteristische Eigenschaften; menschliche Beziehungen sind immer auf längere Sicht angelegt. Die Kehrseite dieses Gruppendenkens und Gruppenzusammenhalts ist, dass Gleichgültigkeit, ja sogar Feindschaft gegen „andere" Gruppen (Out-Group) entstehen können. Der Unterschied zum Team ist, dass die Gruppe organisch über einen längeren Zeitraum zusammenwächst. Ein Team wird ad hoc und meist zeitlich begrenzt für eine Aufgabe bzw. ein Projekt zusammengestellt (siehe „Teamarbeit").

Fremde stehen zunächst außerhalb der Gruppe und bekommen das – bewusst oder unbewusst – zu spüren. Im Alltag kann man erleben, wie Chinesen für unser Empfinden oft herablassend und kalt andere Personen behandeln, mit denen sie ganz offensichtlich nur einmaligen Kontakt haben, wie z. B. Taxifahrer, Verkäufer im Kaufhaus, Ober im Restaurant. Mit dieser Kenntnis lassen sich die Bemerkungen eines deutschen Interviewpartners leichter verstehen:

> *„Wenn es irgendwas gibt, was ich wirklich sofort heute {in China} einführen würde, ist das Verantwortungsgefühl der Allgemeinheit gegenüber, Zusammengehörigkeitsgefühl, überhaupt diese Denkweise dafür. Also wenn eine Ampel rot ist im dichten Straßenverkehr, dann kann ich nicht in Scharen über die Strasse laufen und den Verkehr blockieren… Wenn ich*

meine Wohnung renoviere, dann kann ich nicht morgens um 7 Uhr damit anfangen und die andern stören... Wenn ich in einen Lift gehe, macht es Sinn, zu warten, bis die Leute raus sind und Platz machen... Auch mit der Umweltverschmutzung: Jeder lässt alles fallen. Es ist schon sehr viel besser geworden... und warum? Weil die Stadt Shanghai eine enorme Anstrengung macht und Leute engagiert, die draußen auf der Straße den Leuten den Dreck wegkehren." (m / D / ca. 45)

An Verhaltensmustern dieser Art ist zu verstehen, dass sich z. B. zwei Verkäuferinnen auch dann nur ungern von ihrem persönlichen Gespräch abbringen lassen, wenn man nach einiger Zeit des Wartens bescheiden auf sich aufmerksam macht. Vor allem bei staatlichen – immer seltener bei privaten – Unternehmen wird man das beobachten. Hier zählt das persönliche Gespräch mit der Kollegin oft mehr als das Zufriedenstellen eines Kunden. Das, was der Deutsche als lästigen Tratsch empfindet, hat für den Chinesen einen hohen Stellenwert. Westliche Unternehmen, die eine Kundenschnittstelle in China mit einheimischen Mitarbeitern besetzen, sollten deshalb unter diesem Aspekt mit Vorsicht und Bedacht bei der Schulung und Einweisung des Personals vorgehen. So verwundert es nicht, dass dieses Verständnis von Beziehungen zwischen Menschen (fast) jede bestehende formelle Regel aufhebt. Hier eine weitere Anekdote:

Eine deutsche Mitarbeiterin ist bei einer chinesischen Firma angestellt. Sie betreut und bedient vorwiegend chinesische Kunden, die oft Sonderwünsche haben. Mit einer Aussage „So sind die Regeln" kommt sie als Deutsche meist nicht sehr weit. Die häufigste Antwort der chinesischen Kunden ist: „Ich bin ein echter Chinese, ich will erst mal mit jemandem sprechen, der hier was zu sagen hat". (w / D / ca. 26J)

In der Annahme, dass der Vorgesetzte ein Chinese ist, versuchen diese Kunden durch Appell an den chinesischen Entscheider eine Ausnahme von der Regel zum eigenen Vorteil zu schaffen. Bei diesem Spiel lotet man die Grenze des Möglichen aus und versucht auch in scheinbar ausweglosen bzw. in nicht abänderbaren Situationen noch etwas zu bewirken. Die Realität ist, dass insbesondere, wenn man gewisse Beziehungen zu höheren Verantwortlichen nachweisen kann, nicht selten Sonder- und Extragenehmigungen gebilligt werden, wenn auch die übergeordneten Konditionen mehr oder weniger konstant bleiben. Das ist Kundenbetreuung auf chinesische Art: Sie begünstigt die Anpassung an persönliche Wünsche „im Hier und Jetzt"; sie fördert in solchen Fällen die menschliche Kommunikation und beweist situationsbedingt eine größere Flexibilität. Sie führt allerdings – mit deutschen Augen betrachtet – des Öfteren in ein Arbeitschaos, aus dem man mit der richtigen Portion Verständnis aber auch wieder herausfindet.

Nicht zu unterschätzen sind bürokratische Hürden in China, die so manchen ausländischen Unternehmer verzweifeln lassen. Oftmals finden sich unklare Zuständigkeiten, intransparente Verfahren und komplizierte gesetzliche Vorschriften, wenn auch der Staat seit Beginn der Öffnung Chinas Anfang der 80er Jahre (siehe Kap. 4) immer mehr in den Hintergrund tritt. Im Westen staunt man, dass Megaprojekte wie der Yangtse Staudamm oder der Transrapid von Shanghai zum Flughafen ohne große Verzögerungen in wenigen Wochen entschieden werden. Doch „wer zum Beispiel einen neuen Telefonanschluss will, oder eine dringende Warenlieferung erwartet, die seit Wochen im Zoll herumsteht, den kann das System zur Verzweiflung bringen" [50]. Im Umgang mit Behörden ist Geduld gefordert; leichter zum Ziel kommt man aber letztendlich nur durch Insider-Beziehungen. Die Suche nach den richtigen Schleichwegen und Hintertüren gehört zum Alltag eines Unternehmens. Ohne die richtigen Kontaktpersonen, die dabei helfen können, geht nichts.

Man darf auch kein geregeltes, eindeutiges Entscheidungsverfahren erwarten. Oftmals regeln mehrere Behörden denselben Aufgabenbereich mit recht gegensätzlichen Vorschriften [50]. Daraus wird deutlich, wie wichtig die richtigen Personen im Sinn von „Hou Tai" sind, die die Kontakte zu den Behörden pflegen. Ein Beispiel:

> Ein deutsches Unternehmen hat Immobilien in China gekauft. Da die Baugenehmigung Fehler aufweist, darf nicht weitergebaut werden. Ein Baustopp würde jedoch großen finanziellen Verlust bedeuten. Nach kurzer Verzögerung kann das Bauprojekt wieder aufgenommen werden. Der Einsatz von persönlichen Beziehungen hat das ermöglicht.
> (w / C / ca. 30 J)

Dies ist ein Punkt, der deutsche Mitarbeiter bei einer chinesischen Firma zum Verzweifeln bringen kann. Es gibt keine Regeln und wenn, dann werden sie von verschiedenen Ansprechpartnern unterschiedlich ausgelegt. Es wäre so einfach, für gewisse, immer wiederkehrende Situationen Regeln aufzustellen (einen Prozess zu definieren), an die sich alle halten. Diese ändern sich jedoch permanent, jeder gibt eine andere Antwort. Für westliche Mitarbeiter ist das völlig ungewohnt: Man hat keine Sicherheit in eigenständigem Handeln. Man ist immer wieder gezwungen, beim Vorgesetzten nachzufragen, wie denn gerade der aktuelle Stand ist.

Freundschaft

> Wenn Du einen Freund mehr hast,
> hast Du auch einen Weg mehr.
> (chin. Sprichwort)

Man sagt, dass „drei Deutsche einen Verein gründen", denn sie haben einen Vorstand, einen Kassierer und einen Schriftführer. Darin steckt sicher ein Körnchen Wahrheit. Eine andere deutsche Gruppierung sind enge Freundeskreise, die seit der Schule oder Uni bestehen. Für einen Fremden, noch mehr für einen Ausländer, stellen diese Freundesgruppen meist unüberwindliche Hindernisse dar: Man schottet sich nach außen ab. Es ist schwierig bis unmöglich, dort aufgenommen zu werden.

In China ist es – trotz des Gruppendenkens – einfacher, Anschluss zu finden, soweit man sich verständigen kann. Dies hängt damit zusammen, dass für Chinesen der Beziehungsaufbau und die Pflege eines Netzwerks von Menschen große Bedeutung haben. Es gibt ein chinesisches Sprichwort, welches ungefähr bedeutet: „Je mehr Freunde man hat, desto mehr Chancen ergeben sich und desto mehr Wege öffnen sich". Chinesen begegnen Ausländern heute offen. Auch ein Ausländer wirkt am Gesichtsaufbau eines Chinesen in der Gesellschaft mit. Einen Ausländer als Freund zu haben, ist immer ein Pluspunkt, und darauf ist man als Chinese stolz. Grund dafür ist mit Sicherheit auch der gute Eindruck, den man in China generell vom Ausland hat. Die Konsequenz ist allerdings, dass nicht jeder Freund gleich ein „Busenfreund" ist. Hier gibt es einige Feinabstufungen zu Freunden und Freundschaften: „Sheng ren" ist der Fremde außerhalb der Gruppe. Klopft man als solcher unangemeldet an die Tür z. B. einer Behörde, dann ist eine deutliche Distanz zu spüren. Ihr Gegenüber weiß nicht, was er mit Ihnen anstellen soll, er kennt Sie doch überhaupt nicht. „Shou ren" hingegen bedeutet: Man kennt sich; man fühlt sich einander verbunden und verpflichtet, sich gegenseitig zu unterstützen; man ist vertraut, was wiederum nicht heißt, dass man jemanden sofort ins Vertrauen zieht. Man erwartet von einem „Shou ren", dass er für einen alles unternimmt, was in seiner Macht steht. Tut er das nicht, verliert er seinen Ruf. Ein einfacher und häufiger Weg ist die Empfehlung über einen Dritten; man kennt das in Deutschland als „Referenzen vorweisen". Von der „richtigen" Person ein Empfehlungsschreiben ist wie ein „Sesam öffne dich". Wird ein Chinese von einem Chine-

sen empfohlen, dann wird der Empfohlene außerordentlich bemüht sein, für den Gesichtsaufbau in zweifacher Weise zu sorgen: (i) Für den, der ihn empfohlen hat noch mehr, als (ii) für seinen eigenen.
Die Sprachbarriere ist der Hauptgrund, weshalb es für die meisten (Geschäfts-) Leute schwer ist, tiefer gehende Freundschaften mit Chinesen einzugehen. Das sprachliche Niveau erlaubt meist nur einen oberflächlichen Gedankenaustausch. Fehlende Sprachkenntnisse auf beiden Seiten verhindern tiefgründige Gespräche oder aber sie erfordern viel Geduld, die wiederum meist aus Zeitgründen nicht aufgebracht werden kann. Vertrauen Sie auf Ihre Stärken. Chinesische Geschäftspartner schätzen charakterliche Eigenschaften wie Ehrlichkeit, Geduld und Ausdauer. Daraus wächst Vertrauen in eine persönliche Beziehung und nach Jahren gehört man zum Kreis der „alten Freunde". Von „good old friends" wird allerdings Verständnis und Entgegenkommen erwartet. Den Kontakt zu einem deutschen Geschäftspartner versucht ein Chinese bestmöglich für sich und seine Familie zu nutzen. Sind Sie deshalb nicht überrascht, wenn Sie gefragt werden, ob sie z. B. bei der Organisation eines Studienaufenthaltes für das Kind in Deutschland behilflich sein können. Lehnen Sie besser nicht ab: Geben Sie eine positive Antwort, z. B. dass Sie alles versuchen, um diesen Wunsch zu verwirklichen, auch wenn Sie von der Idee wenig begeistert sind. Ein Nein ohne gute Gründe kann die persönliche und in Folge auch die geschäftliche Beziehung stark gefährden.

Teamarbeit

> Der Edle kann diejenigen
> beeinflussen,
> die über ihm stehen;
> der kleine Mann kann nur
> diejenigen beeinflussen,
> die unter ihm stehen.
> (Konfuzius)

Wenn wir über Teams ganz allgemein sprechen, dann meinen wir eine Gruppe von Menschen, die zeitlich begrenzt zur Lösung einer Aufgabe zusammen kommen. Das Team hat eine gemeinsame Zielsetzung und arbeitet mit einer Reihe von bekannten Methoden und Werkzeugen. Überall auf der Welt gibt es Menschen, die eher Teamarbeit bevorzugen, andere wiederum neigen zu individueller Arbeit. Üblicherweise kommen Teammitglieder aus demselben Kulturkreis. Doch im Zuge der Globalisierung gibt es immer häufiger international zusammengesetzte Teams: Menschen aus unterschiedlichen Kulturkreisen sind auf engstem Raum zum Erfolg „verpflichtet".
Viele Interviewpartner sind erstaunt, dass es in China einen hohen Aufwand erfordert, grundsätzliche Gedanken der Teamarbeit bei ihren Mitarbeitern umzusetzen. Man hat das in einem Land mit kommunistischer Vergangenheit nicht erwartet, das eigentlich vom Kollektivgedanken geprägt sein sollte. Bei der Frage, ob individuelle oder Teamarbeit bevorzugt wird, herrscht weitgehend Übereinstimmung:

> *„Ja, also ich glaube, in China überwiegt individuelle Arbeit! Da muss man immer zu Teambesprechungen zusammenrufen, dass die sich austauschen…"* *(w / D / ca. 30J)*

> *„Eher individuelle Arbeit! Wenn man Teamwork wünscht, muss man das, glaube ich, als Ausländer aktiv einführen…"* *(m / D / ca. 35J)*

> *„… Teamworkgedanken sind um einiges schwerer umzusetzen als man das vielleicht erhofft und erwartet…"* *(m / D / ca. 35J)*

> *„Teamworking, wo man ja sonst immer sagt, dass Chinesen sehr sozial sind, find' ich im Arbeitsleben eher nicht. Also Teamworking ist für mich was anderes: Schon, dass man halt sich im Team ausspricht oder auch andere Sachen*

von andern mal annimmt oder überdenkt und einbaut." *(w / D / ca. 28J)*

Diese Auffassungen wurden teilweise auch durch die befragten Chinesen bestätigt:

„Es ist heute schon anders, aber eigentlich sind wir mehr an individuelle Arbeit gewöhnt. Teamarbeit, da brauchen wir extra Training." *(m / C / ca. 50J)*

„Es kommt darauf an. Manche Chinesen haben einen sehr guten Teamgeist, sie bevorzugen, das Ziel zusammen mit Kollegen zu erreichen. Aber manchmal kümmern sich die Leute sehr um ihre eigene Leistung." *(w / C / ca. 55J)*

Ein Befragter beurteilt die Frage aus der Sicht seiner Branche:

„Aber bei uns ist es jetzt nicht so, dass individuelle Leistung individuell belohnt wird. Es ist bei uns praktisch nicht sinnvoll, nicht im Team zu arbeiten, und ich glaube, dass sie relativ gut miteinander im Team arbeiten." *(m / D / ca. 45J)*

Erfahrungen bei einem Praktikum in einer chinesischen Firma können einige der Aussagen bestätigen:

Bei der Organisation einer Show für das chinesische Fernsehen hatte die einzige Ausländerin oft das Gefühl, außen vorgelassen zu werden und nicht zum Team zu gehören. Wie sich jedoch herausstellte, waren die chinesischen Mitarbeiter genauso davon betroffen. Keiner wusste, was seine eigentliche Aufgabe war. Jeder arbeitete mehr oder weniger vor sich hin. Erst nachdem die Show gelaufen war, wurde gemeinsam ein Konzept erarbeitet, das jedem Mitarbeiter seine genaue Aufgabe zuwies, um das entstandene Chaos beim nächsten Mal zu verhindern. Es war ganz eindeutig zu erkennen, dass auch die Zurückhaltung von Informationen (information hiding) einen ganz wesentlichen Anteil an diesem Chaos verursachte. (w / D / ca. 26J)

Eine Demonstration, wie fehlende Fähigkeiten zur Teamarbeit die Zusammenarbeit belasten und beeinträchtigen, bekommt man bei der täglichen Arbeit. Mitarbeiter erleben immer wieder, wie – aus deutscher Sicht – eine unklare Aufgabenverteilung und insbesondere die (vermeintliche) Zurückhaltung von wichtigen Informationen durch die chinesische Führungsebene einen reibungsfreien Arbeitsablauf auf operativer Ebene erschweren und teilweise verhindern. Es werden Pläne gemacht und Aufgaben verteilt, die nicht langfristig durchdacht scheinen. Man hat oft den Eindruck, dass sie nur den Zweck einer momentanen Beschäftigung erfüllen, sprich die Auslastung eines Mitarbeiters gewährleisten sollen. Man meint, Relikte einer Zweckbeschäftigung aus früherer Zeit zu erkennen. Verschiedene Abteilungen arbeiten mit unterschiedlichen Informationen an ein und derselben Aufgabe. Die Abteilungen tauschen untereinander kaum oder nur belanglose Informationen aus. Es fehlt oft eine dringend benötigte gemeinsame Datenbasis, d. h. jeder verwendet unterschiedliche Zahlenwerte bzw. geht von unterschiedlichen Voraussetzungen aus. Eine deutsche Mitarbeiterin einer chinesischen Firma berichtet:

„Bereits während meiner Einarbeitungsphase stellte ich fest, dass Mitarbeiter, die für ein und dieselbe Aufgabe verantwortlich sind, mit unterschiedlichen Informationen arbeiteten. Für mich als Neuling kam erschwerend zur Einarbeitung somit noch das Ausfiltern der ‚richtigen' Informationen dazu, die sich darüber hinaus noch täglich änderten." *(w / D / ca. 25J)*

Das Ergebnis ist ein – nach europäischem Maßstab – kundenunfreundliches Auskunftssystem, das den Forderungen der Kunden bei weitem nicht gerecht wird und das Image dieser Firma negativ beeinflusst.

Das Verständnis von Teamarbeit ist in China ein anderes als in Europa. Es ist sinnvoll, den möglichen Ursachen für individuell geprägtes Verhalten auf den Grund zu gehen. In China besteht die Tendenz, sich nur für seinen eigenen Bereich zuständig zu fühlen. Somit sind abteilungsübergreifende Prozesse und unternehmerische Gesamtzielsetzungen nur schwer umzusetzen. Dies hat Einfluss auf die Qualität der Arbeit. Die Methode einer kontinuierlichen Verbesserung kommt z. B. nur dann voll zur Geltung, wenn alle an einem Strick ziehen und die vereinbarten Ziele einer übergeordneten Optimierung anstreben. Durch welche Faktoren ist eine stärkere Fokussierung auf die eigene Arbeit im Gegensatz zur Teamarbeit begründet? In ihrer Arbeit widmet Chu [6 / S. 62] dem Thema „Egoismus" einen eigenen Absatz. Sie argumentiert, die Neigung zum Egoismus sei darauf begründet, dass Chinesen durch die hohe Bevölkerungsdichte schon immer einem ständigen Kampf ums Überleben ausgesetzt waren. Gespräche mit Chinesen machen bewusst, welchem Konkurrenzdruck die chinesischen Kinder schon in frühen Jahren ausgesetzt sind. Die Meinung eines Deutschen hierzu:

> *„...das chinesische Volk, das im Moment rangezogen wird, sind Millionen von Egoisten. Lauter Prinzen und Prinzessinnen, die sehr sehr ichbezogen sind."* *(m / D / ca. 45J)*

Kurz nach dem Kindergartenalter beginnt der Wettkampf um die besten Noten. Ziel ist letztendlich, durch eine Aufnahmeprüfung einen der begehrten Studienplätze zu ergattern. Laut Chen [5 / S. 141] schaffen nur sechs von hundert Schülern mit Oberschulabschluss die Prüfung (Stand 1990). Die akademische Laufbahn gilt als die wichtigste Voraussetzung für späteren gesellschaftlichen Erfolg. Ein deutscher Interviewpartner drückt sein Erstaunen aus:

> *„... meine Mitarbeiter mit Kindern überlegen sich jetzt schon, obwohl die Kinder gerade mal anfangen, krabbeln zu lernen, auf was für Schulen die gehen sollen. Das ist absolut wichtig, die Erziehung..."* *(m / D / ca. 45J)*

Um im Konkurrenzkampf der Zukunft mithalten zu können, wird für die Kinder nicht nur in die Schule, sondern – wer es sich leisten kann – auch in Allgemeinbildung wie z. B. Klavier- oder Ballettunterricht investiert. Ziel ist, im Wettbewerb mit Altersgenossen gesellschaftlich immer dem anderen einen Schritt voraus zu sein. In China geben Eltern, egal welchen Beruf sie ausüben, sehr viel Geld für ihre Kinder aus. Sie setzen sich bis zur Selbstaufgabe für ihre Kinder ein.

Ein weiteres Argument für den in der chinesischen Gesellschaft anzutreffenden Egoismus sei eine „... falsche Auslegung der alten chinesischen Philosophie, die lehrt, ‚das Selbst' auszubilden, um in Harmonie mit dem Tao zu leben" [6 / S. 62]. Chu argumentiert weiter, dass es heutzutage nur um den reinen wirtschaftlichen Egoismus gehe und „nicht mehr um das Streben nach Entfaltung des geistigen Selbst".

> Eine deutsche Führungskraft überlegte sich eine Möglichkeit, Teamarbeit zu verbessern. Ihm gelang es, seine chinesischen Mitarbeiter zu überzeugen, dass nicht derjenige zwangsläufig seinen Arbeitsplatz in Gefahr bringt, wer Wissen weitergibt. So werden Teamverhalten und gemeinsames Handeln von der Führungskraft gefördert. Seiner Meinung nach verstehen die Mitarbeiter sehr rasch, dass sie durch Teamarbeit in der Lage sind, sowohl Anerkennung zu bekommen als auch mehr Geld zu verdienen. (m / D / ca. 35J)

Wie dieses Beispiel zeigt, lernen Chinesen, dass es, entgegen ihren bisherigen Erfahrungen, für sie Vorteile bringt, ihr Wissen zu teilen, und dass ihnen dadurch mehr Respekt entgegengebracht wird. Die Deutschen wiederum können daraus lernen, dass man mit Erklärungen und Geduld eine produktive Teamarbeit erreichen kann. Eine Verschiebung der Akzeptanzgrenzen kommt nur zustande durch ein Fortbewegen von den ursprünglichen Erwartungen auf beiden Seiten. Nur so lassen sich im Idealfall Synergiepotentiale herstellen [3 / S. 33].

Bei ausschließlich chinesischer Zusammenarbeit sind in Einzelfällen durchaus Formen von Teamarbeit anzutreffen. Deshalb können die oben erwähnten sozialgesellschaftlichen Hintergründe auch nicht die alleinigen Hürden für Teamarbeit sein. Vielmehr gibt es verschiedene Maßstäbe und Erwartungen auf beiden Seiten hinsichtlich effizienter Teamarbeit. Es läuft immer wieder auf diese unterschiedlichen Erwartungshaltungen hinaus, die ganz allgemein als nur schwer überwindbare Hürden einer kooperativen Zusammenarbeit im Wege stehen. Aus den Aussagen deutscher Führungskräfte lässt sich ableiten, dass sie immer wieder bei chinesischen Mitarbeitern an einer Umsetzung von Teamarbeit scheitern. Sie sollten sich bewusst machen: Das kann u. a. auch am starren Festhalten an ihren gewohnten unangemessen hohen Erwartungen liegen.

Einer der Befragten meinte, einen Zusammenhang zwischen der Bereitschaft zur Teamarbeit und der Organisationsstruktur zu erkennen. Bei einer flacheren Hierarchie im Unternehmen, an die sich chinesische Mitarbeiter erst gewöhnen müssten, sah er weniger Bereitschaft zur Weitergabe von Wissen. Das ist die Beobachtung eines Einzelnen. Es gibt auch in der Literatur keine Hinweise darauf, dass die Anzahl an Organisationsstufen Einfluss darauf hat, ob Teamarbeit gefördert oder verhindert wird. Andere Befragte, die in tiefer gestaffelten Unternehmenshierarchien arbeiten, hatten ähnliche Schwierigkeiten bei der Umsetzung.

Eine deutsche Mitarbeiterin in einer chinesischen Firma macht eine andere Beobachtung zum Thema Hierarchie. Vorgesetzte können den problemlosen Informationsaustausch bzw. den Fortschritt der Arbeit enorm einschränken und jedes Teamergebnis zunichte machen. Hat nämlich ein Geschäftsführer oder Abteilungsleiter seine Meinung zur „Sache" geäußert – und sei sie auch noch so konträr zu der des Teams – traut sich niemand von den untergeordneten Hierarchiestufen zu widersprechen. Es ist erkennbar, dass daraus eine Scheu vor der Übernahme von Verantwortung spricht. Man überlässt die letzte Entscheidung leider kritiklos und unwidersprochen dem Ranghöchsten, obwohl dieser oft eine viel zu große Distanz zur „realen Sicht der Dinge" hat. Diese Erfahrung bringt die Unterschiede in der deutsch-chinesischen Zusammenarbeit auf den Punkt. Die Entscheidungsgewalt „top down" hat den Vorteil, dass Entscheidungen sehr rasch erfolgen, läuft aber Gefahr, dass nicht allzu viele Meinungen berücksichtigt sind und somit auch leicht mal eine „falsche" sachliche Entscheidung getroffen wird. Im Team hingegen werden die Meinungen von allen Mitgliedern (Experten) eingeholt, die dann gegebenenfalls im gemeinsamen Kompromiss berücksichtigt sind. Teamentscheidungen haben große Akzeptanz. Allerdings wird viel diskutiert und die Entscheidungsfindung ist zeitaufwendiger.

Fluktuation

> Die ständige Veränderung der
> Umwelt macht Bäume krank,
> Menschen aber stark.
>
> (chin. Sprichwort)

Eine große geschäftliche Herausforderung in China ist, mit der hohen Fluktuation der Mitarbeiter zurechtzukommen und diese so gering wie möglich zu halten:

> *„... Man muss schauen, dass man eine möglichst geringe Fluktuation im Büro hat..."*;
>
> *(m / D / ca. 35J)*

> *„Abwerben von Personal durch die Konkurrenz und eigene Kündigungen, das sind wirklich Punkte, die hier kritisch sind."*
>
> *(w / D / ca. 30J)*

„Beste Mitarbeiterin in Shanghai ist eine Mutter mit einem Kind, die nicht mehr Karrieresprünge machen will, die eher Konstanz sucht, Stabilität bei einem Arbeitgeber";

(m / D / ca. 35J)

„Ja, also Fluktuation von chinesischem Personal durch Abwerbung anderer Firmen, durch Eigeninitiative. Jetzt wird auch viel häufiger gewechselt. Nach ein, zwei Jahren, wenn jemand anders mehr zahlt, sind die weg. Dann einfach auch: Motivation und Firmenzugehörigkeit ist nicht so wichtig. Also dass man sagt, ich bleibe jetzt hier und mach' meine Karriere hier. Nee, ich geh' dann dahin, weil da krieg ich mehr; auch wenn ich dabliebe und mittelfristig ne bessere Perspektive hätte. Es ist sehr kurzfristiges Denken und das ist vielleicht auch ein Punkt. Das ist ein Unterschied. Wir denken langfristig, die denken kurzfristig."

(w / D / ca. 30J)

Einem Artikel im *Handelsblatt* zufolge [43] beklagen sich viele ausländische Konzerne in China darüber, dass das Gefühl der Firmenzugehörigkeit bei chinesischen Mitarbeitern nur sehr schwach ausgeprägt sei. Für ein geringes zusätzliches Gehalt würden oft sogar ganze Abteilungen den Arbeitgeber wechseln. Vor allem kleine Unternehmen trifft so ein Schwund besonders hart; sie müssen nicht selten jedes Jahr ein Drittel ihrer Angestellten ersetzen. „Manchmal kündigen die Kollegen nicht einmal, sondern kommen nach dem Zahltag einfach nicht mehr" [57]. So verwundert es nicht, dass eine Chinesin, zu ihren Erfahrungen im Umgang mit Deutschen befragt, deren Loyalität zu ihrer Firma als einen der Hauptunterschiede angab:

„Zum Beispiel gibt es viele Deutsche in unserem Unternehmen, die seit mehr als 40 Jahren für das Unternehmen arbeiten… in China ist das nicht möglich." *(w / C / ca. 55J)*

Eine chinesische Personalchefin nennt beim Interview zwei Hauptgründe für die hohe Fluktuation: Die Kulturrevolution (1966–1969) und die Ein-Kind-Politik. Sie versucht, den Einfluss der Kulturrevolution auf die hohe Fluktuation zu erklären, von der die Befragte persönlich betroffen war. Sie fuhr fort:

„… Weißt du, sie waren damals sozusagen eingeschlossen in einem 'kleinen Haus', sie hatten keine Möglichkeit, die Firma zu wechseln … nur einige waren frei…" *(w / C / ca. 55J)*

Die nach der Kulturrevolution erlangte Bewegungsfreiheit fand in einer Art „Jobfreiheit" ihren Ausdruck. Die Aussage der chinesischen Personalchefin klingt plausibel:

„Vor allem junge Leute denken, dass die Welt draußen wunderschön sein muss, noch schöner als die augenblickliche Welt. Deshalb wollen sie viele {neue} Möglichkeiten ausprobieren." *(w / C / ca. 55J)*

China weist heute eine „Vier-Zwei-Eins"-Bevölkerungsstruktur auf [14 / S. 2]: Vier Großeltern, zwei Eltern, ein Kind. Ursache ist die im Jahre 1978 eingeführte Ein-Kind-Politik. Der Begriff „kleine Kaiser" steht repräsentativ für alle Einzelkinder dieser Generation. Mehr als 300 Millionen Kinder in China sind 16 Jahre und jünger; dies entspricht ca. einem Fünftel aller Kinder dieser Erde [14 / S. 1]. Eltern genießen traditionell das höchste Vertrauen ihrer Kinder und sind deshalb Ansprechpartner bei Problemen jeder Art. Das unterliegt allerdings einem starken Wandel, vor allem bei Kindern, die im Ausland studieren bzw. in den Großstädten arbeiten. Sie sind gezwungen, ihr Leben selbständig zu führen, ohne den gängelnden und behütenden Arm der Eltern. Chinesische Eltern wollen, dass ihr Kind ein „Drache" wird. Der Drache symbolisiert die Yang-Urkraft und steht für Stärke, Wohlstand und Glück. Entscheidungen über ihre Zukunft treffen Kinder in China meist gemeinsam mit den Eltern [15 / S. 56]. Diese wollen, dass ihre Kinder etwas ganz Außergewöhnliches werden. Einzelkinder stehen oft unter einem großen Druck, es zu etwas zu bringen. Eltern ermutigen ihre Kinder, u. a. durch häufigen Firmenwechsel, unterschiedliche Erfahrungen zu sammeln, um einen Vorsprung vor den anderen zu bekommen und somit besser als die andern zu werden. Dies ist ein weiterer Grund, der die hohe Fluktuationsrate von bis zu 40 % (bis 1997) verstehen lässt [20 / S. 81]. Auch die Tendenz zum kurzfristigen Jobwechsel nahm während der chinesischen Wirtschaftskrise im Jahr 1998 noch einmal merklich zu, so Lee. Sie beweist, welch großen Einfluss historisch-politisch veränderte Rahmenbedingungen auf aktuelle Interaktionen haben.

Mit einer guten Arbeitsatmosphäre und vor allem mit einem konkurrenzfähigen Gehalt lässt sich die Fluktuation eindämmen, meint die interviewte Chinesin; jedoch sei es unmöglich, sie auf einen niedrigen Prozentsatz zu bringen, wenn großer Wettbewerb herrscht. Einige Unternehmen treffen Vorkehrungen und entwickeln Konzepte, mit denen die Fluktuation ihrer Mitarbeiter unter den branchenüblichen Durchschnitt gesenkt werden kann. Sie wählen aktiv einen Weg der Mitarbeiterbindung. Dazu gehören neben einem angemessenen, leistungsorientierten Gehalt u. a. Training und karrierefördernde Programme. Wird in die Aus- und Weiterbildung von Mitarbeitern investiert, so kann man bei vorzeitigem Austritt vereinbaren, dass innerhalb von z. B. fünf Jahren eine anteilmäßige Rückzahlung erfolgen muss. Leistungsstarke Mitarbeiter können zum Studium nach Deutschland geschickt werden, um ihre Loyalität zu gewinnen. Ein anderer Weg ist die Gewährung von Krediten, z. B. zur Finanzierung der Ausbildung der Kinder oder zur Anschaffung von Wohneigentum oder eines Autos. Die freiwillige Zahlung von Prämien ist eine weitere Möglichkeit zur Verstärkung der Verbundenheit zum Betrieb.

Der Aspekt einer hohen Fluktuation wird in diesem Abschnitt etwas einseitig aus der Sicht großer ausländischer Konzerne gesehen. Sie gilt für die karrierebewusste, gut ausgebildete Elite, die oft von einem ausländischen Konzern zum anderen wechselt. Bei ihnen wird der rasche Arbeitswechsel von chinesischer Seite als völlig normal bewertet.

Der Weggang eines chinesischen Mitarbeiters oder einer Führungskraft hinterlässt eine Lücke im Know-how, die i. Allg. möglichst rasch wieder geschlossen werden muss. Also werden Sie sich selbst um eine Einstellung kümmern oder eine Personalvermittlungsagentur damit beauftragen. Eine Einstellung ist immer mit Zeit und Kosten verbunden. Weitere Kosten entstehen durch die Einarbeitung eines neuen Mitarbeiters. Sie wollen die richtige Auswahl treffen und suchen den geeigneten Kandidaten, der ins vorhandene Team passt: Er soll die persönlichen und fachlichen Fähigkeiten erfüllen; er soll außerdem mindestens Deutsch sprechen (möglichst auch Englisch) und Erfahrung im Umgang mit Ausländern haben; gute Beziehungen („Guanxi") sollten vorhanden sein. Sie stellen sehr schnell fest, dass die Anzahl möglicher Kandidaten, die all diese und weitere Anforderungskriterien vereinen, auf eine äußerst „überschaubare" Anzahl zusammenschrumpft. Gehen Sie Kompromisse ein. Versuchen Sie, Ihre Anforderungskriterien oder Ihre Aufgabenstruktur anzupassen, wenn Ihnen Ihr Gefühl sagt, „die" oder „der" könnte geeignet sein, was die menschlichen Eigenschaften und das Potential betrifft. Erlauben Sie dann ausreichend Zeit zur Einarbeitung. Eine einfache, bequeme und äußerst beliebte Methode zur Rekrutierung neuer chinesischer Mitarbeiter ist die Empfehlung durch die eigenen chinesischen Mitarbeiter. Vielleicht haben diese jemanden in ihrem Umfeld, der Ihren Anforderungskriterien nahe kommt. Bei einer erfolgreichen Vermittlung sind ein Geschenk oder eine Prämie angebracht. Die richtige Auswahl von Führungskräften und Mitarbeitern ist äußerst wichtig: Mit jedem Personalwechsel beginnen die – vor allem in China – sehr zeitintensiven Prozesse des Beziehungsaufbaus und der Vertrauensbildung von Neuem.

Anpassungsverhalten

> Der Edle passt sich an, aber er ist
> nicht unterwürfig;
> das einfache Volk ist unterwürfig,
> aber es kann sich nicht anpassen.
> (Konfuzius)

Anpassungsprozesse finden bei allen Interviewten auf beiden Seiten permanent statt. Bei den einzelnen Themen wird darauf jeweils gesondert hingewiesen. Dieser Abschnitt (i) behandelt das komplexe Thema „Anpassung" etwas grundsätzlicher und (ii) beantwortet die Frage, ob Anpassungsprozesse in der Kommunikation stattfinden.

„Jeder Mensch nimmt die Farben seiner Umgebung an", besagt ein chinesisches Sprichwort. Wer dies nicht versteht und nicht bereit ist, sein Verhalten in Situationen interkultureller Begegnungen darauf einzustellen, wird nachhaltig negative Folgen für die Kommunikation und Kooperation vor allem in der wirtschaftlichen Zusammenarbeit erleben [32 / S. 10]. Ziel ist es nicht, sich dem Angehörigen der Fremdkultur so weitgehend wie nur möglich anzupassen oder gar unterzuordnen; vielmehr ist es entscheidend, eine dauerhafte Kooperation zu ermöglichen. Partner mit unterschiedlichem kulturellem Hintergrund brauchen ausreichend Freiräume, um ohne Anpassungszwang, ohne einseitige Dominanz und ohne Orientierungsverlust produktiv handeln und entscheiden zu können [34 / S. 31].

Wer mit Fremden aus einer anderen Kultur konfrontiert wird, der analysiert i. Allg. nicht die entsprechenden Ursachen für abweichendes Verhalten. Auch ist er nicht automatisch bereit und in der Lage, die kulturellen Hintergründe zu verstehen. Gegenseitiges Unverständnis und Misstrauen sind die Folge. Sie entwickeln sich auf beiden Seiten unbewusst weiter, belasten und beeinträchtigen zunehmend eine Kooperation. Oft werden Missverständnisse und Fehlverhalten der fremden Person angelastet bzw. es wird Absicht unterstellt. Dies ist eine wesentliche Ursache für die Entstehung von Stereotypen und Vorurteilen [16 / S. 67]. Nimmt man sich zu Anfang Zeit und bringt die erforderliche Geduld auf, um erst einmal eine Vertrauensbasis zu schaffen und den fremdkulturellen Partner verstehen zu wollen, dann ist dies ein erster Schritt in Richtung einer gelungenen und erfolgreichen Kooperation. Auf die Frage an die deutschen Führungskräfte, ob sie glauben, dass sich die Chinesen an deutsche Gepflogenheiten anpassen würden, ob sie erwarten, dass sie sich anpassen und ob sie selbst ihre Kommunikation der chinesischen Mentalität anpassen würden, gingen die Meinungen sehr auseinander. Ein Großteil der Befragten gab an

> *„… sich selbst anzupassen, sei es beim Versuch ‚chinesischer zu denken' … seine direkte Art zu unterdrücken";* *(m / D / ca. 35J)*

> *„Sich erst mal kennen zu lernen und eine Beziehung aufzubauen";* *(m / D / ca. 60J)*

> *„Einfach nur gelassener zu sein oder das Verständnis aufzubringen, dass Chinesen viele Dinge anders sehen."* *(w/ D / ca. 30J)*

Eine Führungskraft meinte:

> *„Absolut. Also Chinesen sind im Allgemeinen super pragmatisch, wenn es für sie günstig ist, sich an eine Gepflogenheit anzupassen, dann werden sie es tun. Wenn sie es als unpraktisch erachten, dann werden sie es nicht tun. Man guckt sich Weihnachten an. Chinesen haben mit Weihnachten so wenig zu tun wie wir mit Chinesisch Neujahr zu tun haben … Hier wird Weihnachten gefeiert in einer bestimmten kommerziellen Ausschlachtung, und wenn man sich da irgendwie einen halben Tag frei*

baggern kann ... dann wird das sicher angenommen." *(m / D / ca. 45J)*

Es gab Deutsche, die das Gefühl hatten, sich mehr anpassen zu müssen:

„... ich glaube eher an die Tendenz, dass wir uns ihnen anpassen." *(m / D / ca. 60J)*

Jemand ist der Ansicht, sich nicht anpassen zu müssen:

„... also ich bin in meiner Arbeitsweise, und das ist mir aufgefallen während meiner Zeit, sehr deutsch und habe das auch beibehalten, weil ich so in der Organisation ... einfach sehr professionell auftreten kann ...."
(w / D / ca. 30J)

Diese Aussage ist in zweifacher Hinsicht aufschlussreich. Zum einen müsste geklärt werden, was es heißt, „deutsch zu sein". Unter weiterer Auslegung der Antwort geben die Kulturstandards von Schroll-Machl [29] Hilfestellung. Sie versucht, der deutschen „kulturellen Logik" auf den Grund zu gehen. Zum anderen wird die Aussage der Befragten „deutsch zu sein" gleichgesetzt mit „professionellem Auftreten". Hierbei ist ein Dominanzdenken erkennbar. Die Befragte bewertet die eigenkulturellen Werte und Normen, in diesem Fall ihre Arbeitsweise, im Vergleich zur fremden chinesischen Kultur als überlegen [33 / S. 47]. Einige Führungskräfte waren der Ansicht, dass sich Chinesen an ein bestimmtes Verhalten anpassen sollten, weil sie in deutschen Unternehmen arbeiten. Auch dieses Argument entstammt einem Dominanzkonzept. Einige konnten keinerlei Anpassung auf der chinesischen Seite beobachten:

„Nein, und ich glaube denen ist es nicht so bewusst, und sie passen sich aus meiner Erfahrung nicht an und wenn, nur wenig."
(w / D / ca. 30J)

Eine befragte Chinesin war der Meinung, dass sich beide Seiten aufeinander zubewegen müssten. Sie fasst den Idealzustand so zusammen:

„Ich denke oft, wenn Chinesen und Deutsche voneinander lernen, zu einem gemeinsamen Punkt finden und ihre Unzulänglichkeiten und Schwächen kompensieren könnten, wäre das wunderbar. Wenn ich das so sehe, die Mitte, der neutrale Punkt wäre sehr gut, andernfalls wird immer ein Abstand sein." *(w / C / ca. 55J)*

In der Literatur wird dies als Synthesekonzept beschrieben, wobei es beiden Partnern gelingt, durch die Zusammenführung bedeutsamer Elemente aus beiden Kulturen eine neue Qualität bzw. eine neue Gesamtheit einer Kooperation zu erreichen [33 / S. 48]. Die Chinesin fährt fort:

„Seit kurzem organisieren wir Führungskräftetrainings, z. B. hatten wir letztes Wochenende ein Training. Fast alle aus dem Management waren dabei. Ich glaube, das war wunderbar. Wir haben eine Menge erreicht, nicht nur um zu lernen, wie man eine junge Führungskraft wird, sondern wir haben über uns selbst gelernt. Über die Unterschiede der Kultur, unterschiedliches Denken, wie man die andere Seite versteht, wie man überlegt, ein Problem zu lösen. Ich meine, es war großartig."
(w / C / ca. 55J)

Dass die Umsetzung eigener kultureller Werte eines Unternehmens in einem fremden Land nicht immer möglich und oft nicht sinnvoll ist, macht das Beispiel einer chinesischen Interviewten deutlich:

Am Anfang der Zusammenarbeit wurde vom deutschen Management eine Bestrafung der chinesischen Mitarbeiter z. B. in Form von Bonusabzügen, Verweigerung einer Gehaltserhöhung etc. nicht befürwortet, wenn sie während der Arbeit Fehler machten. Welche Konsequenzen das hatte, erklärte die Chinesin so:

„Wenn man keine Bestrafung hat, verärgert man die guten Mitarbeiter. Später wurde ihnen {den Deutschen} bewusst, dass man das in China tun muss..."

Um beide Seiten zufrieden zu stellen und die Arbeitsmotivation bei allen Mitarbeitern zu gewährleisten, entschied man sich für einen Mittelweg:

„... wir wollten dennoch was tun... Wir gaben ihnen {die wiederholt Fehler machten} noch eine Chance. Sie erhielten einen Warnbrief."

(w / D / ca. 55J)

Solche Vorgehensweisen sind vor allem in den Anfangsphasen interkultureller Zusammenarbeit zu beobachten. Jede Kultur sieht ihre eigenen Werte und Normen als wichtig für die Kooperation an [33 / S. 48]. Was aber für die eine Kultur „gut" ist, muss für die andere nicht notwendigerweise auch der richtige Weg sein. Man sollte sich davor hüten, deutsche Erfolgsmuster – insbesondere auch aus Unternehmenskulturen – direkt und ungeprüft übertragen zu wollen. Dies kann zu Verunsicherungen führen, was die für eine Zusammenarbeit gültigen Werte, Normen und Verhaltensweisen anbelangt. Dass damit eine Reduzierung der Arbeitsmotivation und eine Unzufriedenheit aller Beteiligten entstehen kann, hat das Beispiel verdeutlicht. In der Literatur ist dabei auch von einem Divergenzkonzept die Rede [33 / S. 48].

In der Zusammenarbeit mit Mitarbeitern (auch bei Mitarbeitergesprächen) sprechen deutsche Vorgesetzte die positiven Leistungen meist gar nicht an, da dies ohnehin erwartet wird. Hingegen werden ausführlich Schwachpunkte behandelt und Leistungen, mit denen man nicht so einverstanden ist. Hier ist in China Vorsicht geboten, wie auch ein UdM feststellt:

„Bei einer Mitarbeiterbesprechung, ich hab den Eindruck, das soll man nicht unterschätzen. Bei Mitarbeitern, gerade da wo es ein leitender Mitarbeiter ist, dem können Sie ja nicht sagen, hör mal du hast da unheimlichen Mist gebaut. Es ist sehr sehr schwierig. Also man muss versuchen, das zu umschiffen, andrerseits aber ihm schon zu verstehen geben, dass viele Dinge so nicht weiterlaufen können."

(m / D / ca. 50J)

Deutsche Führungskräfte, die ins Ausland geschickt werden, müssen in der Lage sein zu erkennen, welche Aspekte aus der eigenen Herkunftskultur übernommen werden sollten und wie diese sinnvoll mit den „fremden" Werten und Verhaltensregeln zu einer neuen Unternehmenskultur zusammengeführt werden [35 / S. 42]. Dies erfordert, sich Handlungsbarrieren bewusst zu machen und sich von Gewohntem zu distanzieren. Eigenes und Fremdes ist so abzustimmen, dass damit eine gute Mischung für die Zusammenarbeit entsteht. Im Beispiel oben war die Einführung von Warnungen an die Mitarbeiter eine für beide Seiten akzeptable Lösung. Eine „Synthese" nach Bochners Synthesekonzept [33 / S. 47f] war nicht umsetzbar, weil Werte wie Schutz der Arbeitnehmer und deren faire Behandlung in Deutschland groß geschrieben und dort auch von den Arbeitnehmern erwartet werden, in China hingegen derzeit noch untergeordnete Bedeutung haben. Der Spruch „Aus Fehlern lernt man" ist in Deutschland allseits bekannt und wird in der Regel von den Mitarbeitern auch befolgt, indem man versucht, es beim nächsten Mal besser zu machen. Im Gegensatz dazu ist es laut der befragten Chinesin schwer, bei chinesischen Mitarbeitern eine Veränderung der Verhaltensweise ohne Bestrafung herzustellen, wenn sie z. B. während der Arbeit Fehler machen. Der Hauptgrund liegt in der chinesischen Kultur und ihrer Geschichte (siehe auch [15 / S. 104ff]). Chinesen haben vor noch nicht allzu langer Zeit ausschließlich in Staatsbetrieben gearbeitet, wo jeder gleich behandelt wurde. Es wurde zwar gute Arbeit eingefordert, aber es gab im Gegensatz zu heute kein ausgeprägtes Leistungsprinzip. Abhängig von der Arbeitsstufe wurde jeder gleich bezahlt, ohne Rücksicht darauf, wie gut er war. Auch bei schlechter Arbeit klagte niemand Verhaltensänderungen ein. Die Sicherheit des Arbeitsplatzes war gegeben.

Es ist verständlich, dass dadurch keine Mitarbeiter zur Leistungssteigerung motiviert werden konnten. Diese Arbeitsphilosophie war auch in China nicht effektiv, was die Privatisierungswelle und die Schließungen von Staatsbetrieben beweisen. Heute sieht das ganz anders aus: Jetzt zählt die Leistung. Der tägliche Konkurrenzkampf um die besten Chancen ist nicht weniger stark als in Deutschland.

Ein weiterer Aspekt, der das Anpassungsverhalten sehr deutlich beeinflussen kann, kommt in folgenden Interviews zum Ausdruck:

> *„Eine Sache, die mir wichtig erscheint, ist, dass die Leute das auch wirklich wollen {ins Ausland zu gehen}, die innere Bereitschaft muss da sein. Und bei vielen Leuten ist diese innere Bereitschaft nicht da. Die setzen sich hin und sagen: ‚O.K., das ist für meine Karriere ganz gut hier, ich gehe jetzt mal für 2 oder 3 oder 4 Jahre nach China'…" (m / D / ca. 60J)*

> *„Vor ein paar Jahren… gab es aus meiner Sicht viel mehr kulturelle Probleme. Deshalb, weil Leute nach China geschickt wurden, die eigentlich gar nicht nach China wollten, ganz speziell auch Deutsche. In der Regel waren die Mitte 50, richtig Lust hatten die keine. Vor sieben Jahren war das vom Lebensumfeld mit Sicherheit noch anders. Aber die sind nicht freiwillig gegangen. Die sind gegangen, weil sie relativ viel Geld verdient haben. Heute gibt es wahnsinnig viele junge Deutsche, die es {längere Zeit ins Ausland gehen} einfach nur machen, weil sie Spaß daran haben, nicht weil sie viel Geld verdienen, im Gegenteil. Sondern weil sie einfach Spaß daran haben, das mal für 2 bis 3 Jahre zu machen. Dann bewege ich mich auch auf einem ganz anderen Niveau, wenn ich positiv den Tag verbringe, verhalte ich mich anders, als wenn ich in der früh schon aufstehe und meine Tage zähle, wann ich wieder zurück darf. Und das hat sich wahnsinnig geändert. Also die Zufriedenheit der Ausländer ist aus meiner Sicht viel höher." (m / D /ca. 35J)*

Dies ist die Sicht der Führungskräfte von großen Firmen. Es ist leicht einzusehen: Wer seine Zeit nur gezwungenermaßen absitzt oder aber mit dem Kalkül der Karriere sich ins Ausland schicken lässt, der wird keine große Neigung zeigen, sich anzupassen. Das sind auch nicht die besten Voraussetzungen, um Mitarbeiter zu führen und zu begeistern. Mit einer positiven Einstellung dagegen vereinfacht sich der Prozess des Anpassens: Ist man durch einen längeren Aufenthalt permanent von einer fremden Kultur umgeben und durch tägliche Kontakte mit dem Denken und Verhalten der Menschen beeinflusst, so kann das, wenn man dafür offen ist, den Anpassungsprozess erleichtern und beschleunigen. Auch ist es einer der effektivsten Wege, über sich selbst zu lernen, indem man andere Kulturen kennenlernt und sie ernst nimmt [12].

Bei geschäftlichen Kontakten eines Mittelstandsunternehmers sieht das ganz anders aus. Die nur kurzzeitigen Kontakte mit dem chinesischen Partner erlauben keine kontinuierliche Anpassung in dem oben beschriebenen Sinn. Man wird mit der chinesischen Kultur von einem Moment auf den anderen konfrontiert und wechselt nach Ende einer Geschäftsreise bzw. nach einer Besprechung wieder in seine vertraute Kultur zurück. Bei den Begegnungen kommt es sicher auch zu herausragenden Eindrücken und zu noch spontaneren Herausforderungen. Aber für ein tieferes Verständnis der Hintergründe reicht die Zeit einfach nicht aus. Es ist ein erster Schritt in die richtige Richtung, wenn man sich z. B. anhand der Lektüre dieses Buches auf seine ersten interkulturellen Begegnungen vorbereitet, die Gepflogenheiten seines Gegenübers kennen lernen möchte und sich damit auseinandersetzt. Aber es ist ungefähr so, als wenn jemand die Regeln des Skatspiels aus einem Regelbuch lernt, dann mit „alten Hasen" die erste Skatrunde spielt und erwartet, das erste Spiel zu gewinnen. Es ist deshalb ratsam, sich „beim ersten Mal" unterstützen zu lassen (siehe „Kommunikation mittels Dolmetscher").

Die Frage, welche Seite sich denn nun eigentlich anzupassen hat, ist die falsche Fragestellung. Internationale Zusammenschlüsse von Unternehmen scheitern oft daran, weil jeder vom anderen nur einseitig eine Anpassung erwartet [33 / S. 57]. Im Sinne einer „Interkultur" sollten sich immer beide Seiten aufeinander zubewegen. Ziel muss die harmonische Mitte sein; d. h. eine adäquate Lösung für beide Seiten zu finden, die weder dem „Gewohnten" der einen noch der anderen Seite entspricht. Mit den kombinierten Werten und Normen sollten sich beide identifizieren können; sie sollten für beide akzeptabel sein. Dazu gehört gegenseitiges Verständnis und viel Geduld.

Eine grundlegende Voraussetzung für einen erfolgreichen Einsatz stellt vor allem die innere Bereitschaft dar, sich den Herausforderungen eines Auslandsaufenthaltes zu stellen und geistig offen für eine andere Kultur zu sein. Es spielt auch eine Rolle, dass Führungskräfte im Ausland oft Entscheidungen treffen und durchsetzen müssen, die häufig nicht im Einklang mit der Firmenphilosophie und Strategie der Stammhäuser und Unternehmenszentralen stehen.

Häufig vorkommende Begriffe in diesem und anderen Abschnitten sind Geduld und Verständnis. Deutsche sehen und beurteilen die Situationen aus ihrem deutschen Blickwinkel und übersehen dabei, dass auch sie sich anpassen müssen. Eine kleine Anekdote der deutschen Autorin zeigt, wie verschieden, je nach kulturbezogenen Erwartungen, eine „Geduldsprobe" beurteilt wird:

> Eine chinesische Freundin begleitete mich an einem Donnerstag in den Handyladen. Mein Handy, das repariert werden musste, wurde mir für den folgenden Dienstag versprochen. Da ich keinen Festnetzanschluss besaß, bat ich, das Telefon bis Samstag repariert zu bekommen. Leider war das „nicht möglich". Ich willigte schicksalergeben ein. Für meine Freundin war es unfassbar, dass ich das so geduldig akzeptierte: In China hätte ich mein Handy ohne Bitten bereits nach wenigen Stunden abholen können.

Eine gemeinsame chinesische Bekannte der Autorinnen hatte ein ähnliches Erlebnis:

> *„Meine kaputte Brille brachte ich zum Optiker, der mir sagte, dass ich sie in einer Woche repariert abholen könne. Da ich es unfassbar fand, so lange auf ein so wichtiges Utensil zu warten, erfand ich eine anstehende Reise nach China mit der dringenden Bitte um morgige Abholung. Die Notlüge klappte, und ich war zufrieden."* *(w / C / ca. 31J)*

Chinesen sind gewohnt, in so einer Situation nichts unversucht zu lassen nach dem Motto „Geht nicht, gibt's nicht". Jede kluge (und listige) Begründung ist erlaubt. Natürlich gelingt das nicht immer. Aus chinesischer Sicht sind Deutsche in dieser Hinsicht zu ehrlich und direkt und geben zu rasch auf.

Die folgenden zwei Aspekte zeigen das Thema Anpassung aus einer materiellen Sicht. (i) Chinesen beurteilen die Finanzkraft ihres Geschäftspartners vor allem auch nach materiellen Äußerlichkeiten wie der Größe des Autos, dem Preis der Uhr am Handgelenk usw. Siehe dazu den Abschnitt „Höflichkeit". (ii) Erstaunt ist man über das Kaufverhalten vieler Chinesen. Die arbeitende chinesische Bevölkerung, die etwas auf sich hält (bzw. vermeintlich etwas auf sich halten muss), kauft Originalprodukte, selbst wenn man sich diese eigentlich nicht leisten kann und deshalb sogar Schulden gemacht werden müssen. Man will in der Gesellschaft und am Arbeitsplatz zeigen, dass man sich etwas leisten kann. Eine Chinesin berichtet:

> *„Meine chinesische Freundin hat sich schon mehrere exklusive Handtaschen vom Origi-*

nalhersteller gekauft. Eigentlich kann sie sich das nicht leisten und sie musste sich Geld leihen. Aber vor ihren Arbeitskolleginnen will sie gut dastehen, ihnen beweisen, dass sie gut dasteht. Jetzt wo ich hier in Deutschland bin, kann ich es schwer nachvollziehen, aber ich denke, wenn ich in China wäre, müsste ich mich dem anschließen. Der Druck in der Gesellschaft ist so groß." (w / C / ca. 27J)

Denkweisen

> Das, worauf es im Leben des Menschen ankommt, ist ehrenhafte Gesinnung. Hat er sie nicht, kann er von Glück sagen, wenn er durchkommt.
> (Konfuzius)

Die Art, wie Menschen kommunizieren oder Probleme lösen, ist eng gekoppelt mit ihrer Denkweise. In zwei Interviews wird das angesprochen:

„... es gibt Missverständnisse durch die Denke, nicht allein durch die Sprache; ... die Gedanken sind ganz anders; ... die Prioritäten werden anders gesetzt." (w / D / ca. 30J)

„...z. B. stellt eine Abteilung Ziele auf. Jeder weiß, was unsere Ziele sind. Dann gehen Chinesen das so an, anders als die Deutschen oder Engländer, Amerikaner... versuchen auf ihre Art, die Ziele zu erreichen. Man kann nicht sagen: Du machst das richtig und du nicht. Aber wegen der unterschiedlichen Denkweise unterscheidet sich der Weg, etwas zu tun. Das verursacht Konflikte; deshalb glaube ich, dass interkulturelle Kommunikation ein Problem ist." (m / K / ca. 46J)

Deutsches Denken ist geradlinig auf ein Ziel gerichtet (siehe Abb. 1b). Das Denkziel wird durch logische Überlegungen entwickelt. Es kann schon einmal passieren, dass man am Ziel vorbeischießt, wenn die Voraussetzungen, auf denen die logischen Überlegungen aufbauen, nicht stimmen. Versperren unerwartete Hindernisse den geraden Weg zum Ziel, herrscht zunächst Ratlosigkeit. All die schönen Pläne helfen dann nichts, da die Planung grundsätzlich von vorne beginnen muss. Zu Beginn einer Verhandlung werden dieses durchdachte Vorgehen und das geplante Ziel präsentiert und erklärt. Das ist der Grund, weshalb auf deutscher Seite die volle Konzentration auf den Beginn von Verhandlungen gelegt wird. Die Teilschritte dahin sind schon eher Nebensache und werden zu einem späteren Zeitpunkt erklärt, bei dem die Konzentration bereits nachlässt.

Die chinesische Denkart fängt hingegen mit kleinen Gedankenblitzen – symbolisiert durch Pfeile – aus völlig unterschiedlichen Positionen in unbestimmte Richtung an (siehe Abb.1a). Dabei kristallisiert sich „recht bald ungefähr" aber „meistens noch nicht genau wissend, wo" ein grobes Denkziel heraus. Chinesen nehmen „Witterung eines Denkzieles auf" und grenzen es ein. Man spricht von „Umzingelungs- oder Umklammerungsdenken„ [40]. Das „große Ganze" entwickelt sich ungeordnet aus vielen Teilen wie ein Puzzle, bei dem man das Gesamtbild zunächst nicht kennt. Der Chinese ist deshalb zu Beginn des sachlichen Parts von Besprechungen bzw. Verhandlungen noch relativ unfokussiert: Das sind ja nur erste kleine Gedankenversuche. Die Konzentration steigert sich zum Ende hin, da hier alle Details eines Gesprächs, einer Besprechung, einer Verhandlung zum „großen Ganzen" verknüpft und in den Zusammenhang gebracht werden, der sich aufgrund der momentanen Diskussion als der Bestmögliche herausstellt. Das Denkziel bleibt evtl. offen, ohne eine definitive verbale Zusammenfassung. Die Chinesen lieben diesen Spielraum, der aus westlicher Sicht ein Hängezustand ist.

Für den deutschen Gesprächspartner leitet sich aus dieser Erkenntnis eine zwar ungewohnte, aber doch einfache Möglichkeit ab: Er muss seine Zielsetzung vor allem gegen Ende einer Verhandlung (erneut) präsentieren. Wird sein Ziel darüber hinaus mehrfach wiederholt, dann wird es von chinesischer Seite auch als wichtig eingestuft.

(a)

(b)

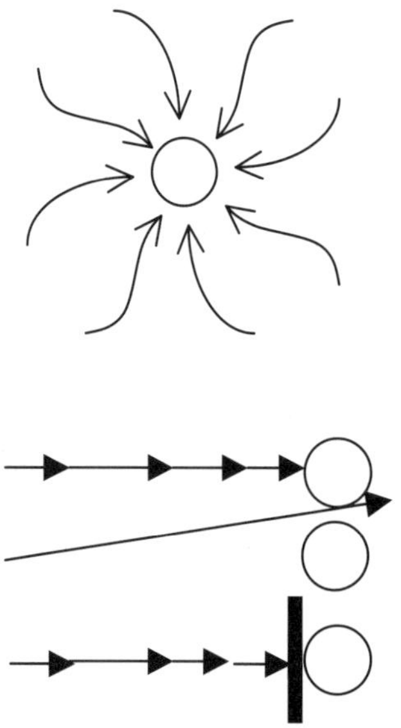

Abbildung 1: Darstellung der (a) chinesischen und (b) deutschen Denkweisen in Anlehnung an [40].

Es ist leicht einzusehen, dass Chinesen und Deutsche ohne Kenntnis dieser Unterschiede sich oftmals missverstehen müssen. Der chinesische Partner wertet das vom Deutschen zu Anfang erklärte (strategische) Ziel als einen ersten Gedankenblitz, sofern er zu diesem frühen Zeitpunkt überhaupt schon richtig zuhört. Der Deutsche ist bereits müde und hat abgeschaltet, wenn der Chinese am Ende der Besprechungen bzw. Verhandlungen seine Sicht des Themas zusammenfasst. Die Erfahrung der deutschen Autorin:

> Bei einer Unterhaltung mit einem Chinesen bleibt oft nichts anderes übrig als geduldig und aufmerksam bis zum Schluss abzuwarten. Am Anfang kapiert man oftmals nichts und fragt sich die ganze Zeit, worauf er wohl hinaus will. Erst zum Schluss macht dann das vorher gesagte einen Sinn und der ‚Aha'-Effekt stellt sich ein.

Wendet man diese chinesische Betrachtungsweise auf einen Vertragsentwurf an, der aus westlicher Sicht vor der Unterzeichnung steht, bedeutet das: Für den chinesischen Partner sind die einzelnen Vertragspunkte wie einzelne Gedankenblitze. Er ist gewohnt, diese zusammenzupuzzeln und aus der Kombination das versteckte, strategische Gesamtziel abzuleiten. Die einzelnen Vertragspunkte haben für ihn „vorläufigen" Charakter. Er versteht gar nicht so recht, weshalb er eigentlich unter solch eine „Liste von Punkten" seine Unterschrift setzen soll. Bewegt sich die darauf basierende gemeinsame Unternehmung in eine für ihn unerwartete Richtung, dann werden diese aus seiner Sicht „vorläufigen Teile" des Vertrages für ihn ganz selbstverständlich erneut angedacht (hier steht ganz bewusst nicht das Verb durchdacht). Ein UdM wurde bereits bei seinem ersten Kontakt mit der chinesischen Denkweise konfrontiert:

> *„Man kriegt das irgendwie vielleicht nur im Unterbewusstsein mit. Aber man merkt, dass die Gedanken teilweise ein bisschen anders verlaufen. So dieses typische ‚Schema F' das gibt's dort nicht… Da kam dann schon die eine oder andere Fragestellung, wo es irgendwo in die Struktur reingeht und dann ist mir einfach so aufgefallen, da ist die Denkweise anders, die wollen andere Information als der Europäer, sag ich jetzt mal. Viele Details, die für mich im Moment völlig unwichtig waren… Da geht die Denke nicht in Richtung Zielvorgabe, sondern die wollen wissen, warum ist der Tisch jetzt glasiert? Warum ist er braun? … Für mich unwichtige Dinge scheinen dort aber wichtiger zu sein, um letztendlich über diesen Weg den Nutzen bzw. Sinn des Ziels zu erkennen."*
>
> *(m / D / ca. 38J)*

Die Denkweise wirkt sich auch auf die tägliche Arbeits- und Vorgehensweise aus, wie folgende Beobachtung zeigt:

„...einen der größten Nachteile, den ich sehe, in der chinesischen Art zu arbeiten, ist, dass überhaupt keine Detailgenauigkeit da ist. Dass bestimmte Sachen, die es zu lesen gibt, nicht von A bis Z gelesen werden, sondern vielleicht von A bis D. Und dann glaubt man, man hätte doch schon alles gelesen und verstanden. Und dann praktisch sich arbeitsmäßig von A bis D drauf einstellt und nicht von A bis Z. Und dann kommt es ständig zu Korrektionsnotwendigkeiten, wo man sagt: ‚Hast Du das gemacht?'"

(m / D / ca. 46J)

Eine Interviewte beschreibt ihre Gefühle bei einem Arbeitsplatztraining:

„Ja also grad auch wie das Training abgelaufen ist. Training {in Deutschland} stellt man sich so vor: Du bekommst Infos und bekommst die Chance, das anzuwenden und kleine Trainingseinheiten, um praktisch zu arbeiten. Aber es war eher so, dass nur Wissen vermittelt wurde, Folien vorgelesen wurden... Da steht man dann so da und denkt sich, wozu ist man hierher gefahren, wenn man noch nicht mal was mitnehmen kann? Ich weiß nicht, ob das typisch chinesisch ist, aber manchmal hat man das Gefühl, dass es gar nicht richtig vorbereitet ist. Letzte Woche hat wahrscheinlich jemand zu ihr gesagt, Du machst das jetzt und so kommt das dann auch rüber."

(w / D / ca.28J)

Welche Auswirkungen unterschiedliche Denkweisen auf die Sprache, das Handeln, die Verhaltensweisen haben, wird in verschiedenen Abschnitten immer wieder angesprochen und dargestellt (siehe u. a. auch „Kommunikation"). In einer Gegenüberstellung (Tabelle 1) wird an weiteren, leicht überzogenen Äußerungen versucht darzustellen, welche Auswirkung diese diversen Denkweisen auf die tägliche Kommunikation haben können, wenn man noch zusätzlich den Harmoniegedanken, das Prinzip des „Gesichtgebens" und die indirekte Kommunikation einbezieht.

die Chinesin / der Chinese antwortet ...	*die/der Deutsche antwortet...*
„Ja, ich werde sehen, was ich machen kann ..." „Ich werde darüber nachdenken..." „Es könnte Schwierigkeiten geben ..."	„Nein"
„Können Sie diese Aufgabe selbst erledigen?"	„Bitte erledigen Sie diese Arbeit bis heute Abend 17:10 Uhr!"
„Ich weiß nicht, ob ich für diese Arbeit ausreichend qualifiziert bin."	„Ich bin genau Ihr(e) Frau / Mann, der dies erledigen kann."
„Ich liebe Qualität und Geschwindigkeit. Das Auto wird nicht von vielen Menschen gefahren, es ist etwas Besonderes. Es fasziniert mich. Vielleicht entscheide ich mich dafür."	„Das Auto kauf ich mir, weil es 223,5 km/h erreicht und einen Verbrauch von 9,7 l auf 100 km hat. Die 54 Tausend Euro zahle ich in Raten ab."
„Der alte Zustand hat mir sehr gut gefallen."	„Mir gefällt nicht, was Sie da Neues einführen wollen."

Tabelle 1: Beispiele, wie sich Chinesen und Deutsche zu gleichen Themeninhalten unterschiedlich äußern.

Kritik

Diskutiere nicht über Richtig und Falsch.
Kritisiere immer dich selbst.
(Zengetsu)

Der Kaiser und seine Untertanen sind Elemente der praxisorientierten politischen Ordnung bei Konfuzius. Dabei ist derjenige zu Recht Kaiser, der sich durch oberste Tugenden wie Unbestechlichkeit und höchste Fähigkeiten auszeichnet. Er trifft weise Entscheidungen im Sinn der Harmonie für die Allgemeinheit. Die Untertanen führen die Anordnungen des klugen Herrschers widerspruchslos und loyal aus – Kritik ist in diesem Konzept nicht vorgesehen. Dieses Verhältnis zwischen Herrscher und Untertan ist eine der von Konfuzius festgelegten „fünf menschlichen Beziehungen". Als Grundlage für den Umgang miteinander legte er in vier weiteren Beziehungen auch das Verhältnis des Einzelnen zu seinen Mitmenschen hierarchisch fest: Vater und Sohn (Verantwortung – Gehorsam), Mann und Frau (Aufgabenteilung), älterer und jüngerer Bruder und älterer und jüngerer Freund (Toleranz – Respekt). Diese hierarchische Ordnung hat eine lange Tradition und wurde bis heute nicht in Frage gestellt. Sie ist auch bestimmendes Element u. a. im Verhältnis zwischen Eltern und Kindern, Vorgesetztem und Mitarbeiter. Jeder weiß, welchen Platz er einnimmt; es gibt keinen Anlass für Kritik oder Widerspruch.

Für den Chinesen besteht jede Einheit – und sei sie auch noch so klein – aus den zwei Urkräften Yin und Yang: Yin, die weibliche, dunkle, passive Kraft; Yang, die männliche, helle, aktive Kraft. Diese beiden Kräfte existieren immer nur paarweise – ob gegensätzlich oder dual vereint. In ihrer dynamischen Wechselwirkung bestimmen sie das philosophische Denken und Handeln des Chinesen. Glück und Unglück wechseln sich im Leben ab; auf Regen folgt Sonnenschein. Für den Augenblick, in dem er gerade lebt, strebt der Chinese einen Zustand der Harmonie an, wo er glücklich und zufrieden und im Einklang mit der Natur ist. Kritik an einer Sache setzt er gleich mit Kritik an einer Person, deshalb haben Kritik und Widerspruch traditionell keinen Platz in seiner Lebensphilosophie, sowenig wie im Bildungssystem.

Der Deutsche hingegen fordert zum Widerspruch heraus, da seiner Meinung nach nur so Fortschritt möglich ist. Nach westlichem Verständnis ist in einer Demokratie jeder Einzelne im Staat aufgefordert, frei seine Meinung zu äußern, mitzudenken und selbständig zu handeln. Demokratie basiert u. a. auf konstruktiver Kritik seiner Bürger. Deutsche sind sich einig, dass konstruktive Kritik den Grundpfeiler einer fortschrittlichen Zusammenarbeit darstellt. Durch diese Perspektive betrachtet, beobachtet man bei chinesischen Mitarbeitern und Kollegen eine gehörige Portion an sehr angepasstem Verhalten, was sich u. a. auch in äußerster Zurückhaltung von Kritik ausdrückt. Zwei Anpassungen – die eine erfolgreich, die andere nicht – werden in den folgenden ausgewählten Beispielen zum Thema „Kritik" erklärt. Eine Führungskraft gab an, dass es ihrer Meinung nach eine große Gefahr für die Zusammenarbeit bedeute, dass:

> *„… chinesische Mitarbeiter noch weniger zum Widerspruch neigen als deutsche Mitarbeiter"* und *„… dass sie nicht widersprechen, auch wenn sie der festen Überzeugung sind, dass man jetzt hier einen ganz großen Umweg gehen wird… das ist aber nicht böse gemeint,… eben aus der Angst heraus, etwas Negatives, Kritisches sagen zu müssen…" (w / D / ca. 55J)*

Wenn man nicht die Einsicht wie die deutsche Interviewte hat, dass das Verhalten der Chinesen keine böse Absicht ist, kann dies zu Ärger, Unverständnis und Ressentiments gegenüber der chinesischen Seite führen. Deutsche wollen über ihr Fehlverhalten informiert werden, damit beim nächsten Mal nicht wieder die gleichen Fehler gemacht werden.

Geschenke spielen allgemein in der chinesischen Geschäftswelt eine besondere Rolle. Das folgende zweite Beispiel zeigt, wie eine gutgemeinte Tat vollkommen misslingt:

Ein deutsches Unternehmen beschloss, an Weihnachten alle chinesischen Mitarbeiter einer Institution zu beschenken, mit denen das Unternehmen das Jahr über zusammengearbeitet hatte. Die Geschenke wurden alle dem Leiter des Amtes übergeben. Nach einem zufälligen Gespräch mit ihrem chinesischen Fahrer hat eine der Befragten erfahren, dass

„… das voll daneben ging, weil… man geht da {normalerweise} mit einem Hauptgeschenk zum Chef, aber man nimmt kleinere Geschenke mit… die man an alle verteilt {jedem einzelnen Mitarbeiter}, die die richtige Arbeit machen…"

Die Befragte bekam durch das Gespräch mit ihrem Fahrer, das sie dank ihrer chinesischen Sprachkenntnisse während der Fahrt führen konnte, den entscheidenden Anstoß. Sie fuhr im Interview fort:

„… keiner von den chinesischen Mitarbeitern würde zu den für diese Aktion Verantwortlichen {Deutschen} gehen und sagen: ‚Das war nicht gut!' Das würde beim nächsten Mal wieder genauso schief laufen." (w / D / ca. 55J)

Wie unverzichtbar Sprachkenntnisse sind, lässt sich u. a. auch an diesem Beispiel erkennen (siehe auch „Sprachliche Herausforderungen"). Ohne Beherrschung der chinesischen Sprache hätte die deutsche Führungskraft dieses offensichtliche Fehlverhalten nicht mit ihrem ausschließlich chinesisch sprechenden Fahrer erfahren können. Es zeigt aber auch, welche Auswirkungen unterlassene Kritik haben kann. Leider werden derartige Missverständnisse oft den Gesprächspartnern als Fehlverhalten angelastet bzw. es wird Absicht unterstellt, im Sinn von: „Das hat der nun absichtlich nicht gesagt". Auch dies ist eine wesentliche Ursache für die Entstehung von Stereotypen und Vorurteilen [16 / S. 67]. Nimmt man sich zu Anfang Zeit und bringt die erforderliche Geduld auf, um zunächst einmal eine Vertrauensbasis zu schaffen und den fremdkulturellen Partner zu verstehen, dann kann dies auch zu einer gelungenen Zusammenarbeit führen:

Eine deutsche Befragte erzählt voller Stolz, dass sie in der Zusammenarbeit mit einer chinesischen Kollegin etwas erreicht hat: *„… sie widerspricht mir…"*. Es sei ein längerer Prozess gewesen. Die chinesische Mitarbeiterin kam zu der Einsicht, dass die deutsche Kollegin vieles nicht wissen kann und wenn sie von jemandem auf Fehlverhalten aufmerksam gemacht werden kann, dann nur durch sie. Sie hat bemerkt, dass man ihrem, für eine Chinesin eher ungewohnten Verhalten, hohen Respekt zollt. Das bestärkte sie darin, ihren deutschen Kollegen zu widersprechen. (w / D / ca. 55J)

Ein weiterer Weg für erfolgreiche Arbeit im fremden Land ist, sein Gegenüber auf die eigenen Gefühle und Verhaltensgewohnheiten hinzuweisen; und zwar auf eine Art und Weise, dass „eine Bereitschaft des Erkennens, Anerkennens und so eventuell der gegenseitigen Annäherung möglich ist" [33 / S. 56]. Die deutsche Führungskraft war ihrer Mitarbeiterin für deren bestimmt nicht einfache Verhaltensänderung, Widerspruch zu üben, sehr dankbar und hat sie deshalb belohnt:

„Zum Ausgleich habe ich ihr auch zum ersten Mal in ihrem Leben ein Praktikum in Deutschland besorgt… das war für sie der Traumaufenthalt. Einfach mal in so einer deutschen Firma zu arbeiten… jetzt versteht sie auch vieles was sie vorher nicht verstanden hat."
(w / D / ca. 55J)

Konstruktive Kritik ist ein wesentliches Element und unabdingbare Voraussetzung dafür, dass man sich erfolgreich aufeinander zubewegen kann. Auch andere berichten von Schwierigkeiten im Umgang mit Kritik und Konflikten bei Mitarbeitern und Geschäftspartnern in China:

„Konflikte werden gar nicht angesprochen, werden ignoriert. Kritik anzubringen ist nicht

gut, also im Büro wird das fast gar nicht gemacht…" *(w / D / ca. 30J)*

„… Chinesen sind im Allgemeinen nicht sehr konfliktfähig, …das hängt aber auch stark von der individuellen Persönlichkeit ab…" *(m / D / ca. 45J)*

„… das ist einfach der Kultureinfluss, aber ich will ja die Kultur nicht ändern, sondern die Arbeitsweise verbessern." *(m / D / ca. 35J)*

Ein Befragter, der sich schon seit sieben Jahren in China aufhält, bestätigt einen ersten Trend zu mehr Kritikfähigkeit in der chinesischen Geschäftswelt:

„Es gibt chinesische Mitarbeiter, die stehen auch mitten in der Runde auf und sagen ihrem Vorgesetzten: Das und das ist falsch, das Verhalten ist falsch, der Weg ist falsch. Das hätte es vor ein paar Jahren noch nicht gegeben. Gerade in Shanghai gibt es sehr starke Frauen, die ihre Meinung äußern und das sehr ehrlich und direkt. Und dann kann ich mir auch erlauben, sehr direkt zu sein, da brauche ich nicht um den heißen Brei herum zu reden." *(m / D / ca. 35J)*

Eine Interviewpartnerin beobachtet, dass gerade bei unangenehmen Themen (Ablehnungen oder Absagen) sich die Geschäftspartner bevorzugt mit den eigenen Landsleuten austauschen. Das hat sicher auch sprachliche Gründe. Aber es sind genau die Fälle, in denen es zum persönlichen Verständnis wichtig wäre, die chinesischen Mitarbeiter um Erklärungen im Sinne einer konstruktiven Kritik zu bitten. Nur nach gemeinsamer Auseinandersetzung lassen sich zukünftige Missverständnisse vermeiden. Das Beispiel oben demonstriert, dass ein „Erziehen zum Widerspruch" für beide Seiten nur Vorteile bringt und damit die gemeinsame Kooperation gefördert werden kann. Findet generell keine gemeinsame Auseinandersetzung statt, um zu verstehen, *„… warum macht der andere das jetzt so…"*, dann besteht die Gefahr – so die Erfahrung zweier Interviewten – dass sich eine gegenseitige Ablehnung aufbauen kann. Dazu folgende Beispiele:

„… sehr oft, dass sie nicht direkt mit mir sprechen. Frau X {Chinesin} möchte mir etwas mitteilen. Obwohl sie mir das ganz gut auf Englisch mitteilen kann, spricht sie Y an {eine Deutsche, die Chinesisch spricht}, … Sie redet auf Chinesisch, guckt mich an und erwartet, dass Y das übersetzt." *(w / D / ca.35J)*

„Ich hatte vergessen, eine kleine Aufgabe zu erledigen, die es täglich auszuführen galt… Eine chinesische Kollegin teilte mir mit, dass der Chef bemerkte, dass die Aufgabe nicht ausgeführt war und ließ mir dies über die Chinesin ausrichten. Warum sagt er mir das dann nicht persönlich? Hinter meinem Rücken weiht er dazu noch andere ein! Das finde ich unmöglich von ihm! Wenn mir nicht mal der Chef sagen kann, was ihm nicht passt!" *(w / D / ca. 25J)*

Diese Angewohnheit – vor allem bei der Vermittlung von unangenehmen Inhalten – nicht direkt von Mann zu Mann (oder von Frau zu Frau) zu kommunizieren, birgt enormes Konfliktpotenzial. Gründe sind zum einen der Gesichtsverlust, der im folgenden Abschnitt ausführlich erklärt wird, aber auch sprachliche Schwierigkeiten. Es kann außerdem passieren, dass ein Chinese plötzlich mitten im Gespräch ohne Entschuldigung unterbricht oder den Telefonhörer ohne Verabschiedung auflegt – insbesondere in Stresssituationen. Man steht da und wundert sich. Das was er sagen wollte, lässt er dann oft nach einer kleinen Pause über einen Dritten (der zweisprachig chinesisch-deutsch aufgewachsen ist) ausrichten. Für den Chinesen war dies einfacher als eine langwierige Konversation mit Verständnisschwierigkeiten für beide Seiten. Auf chinesischer Seite ist die Vermittlung über Dritte alltägliche Praxis. Und so kommt es dann auf deutscher Seite zu Feststellungen, die auf einer emotional unausgeglichenen Lage beruhen und die tatsächlichen Strukturen nicht erfassen können:

> *„Nee, ich denke wirklich, dass es speziell an die Personen gebunden ist. Das ist personen- und nicht kulturspezifisch. Weil Leute, die petzen, gibt es überall."* *(w / D / ca. 35J)*

Einem Deutschen fehlt jedes Verständnis für diese indirekten Verhaltensweisen. Insbesondere die Kommunikation über Dritte ruft unbehagliche Gefühle hervor: Es wird hinter seinem Rücken geredet. Weiß man dagegen, dass der indirekte Weg meist aus Rücksicht eingeschlagen wird, damit niemand das Gesicht verlieren soll, dann lassen sich diese Erlebnisse schon viel gelassener und freundlicher interpretieren.

In China gilt derjenige als höflich, der erst gar keinen Konflikt aufkommen lässt und Meinungsverschiedenheiten möglichst vermeidet [22 / S. 216]. Konflikte dürfen keinesfalls öffentlich, d. h. vor Dritten ausgetragen werden, da die Gefahr eines Gesichtsverlustes besteht, wohlgemerkt für beide Seiten. Die Harmonie gerät aus dem Gleichgewicht. Der Kritisierte ist nicht nur über die an ihm geübte Kritik unglücklich, sondern auch darüber, dass der Kritikübende unglücklich ist. Direkte sachliche Kritik würde die Person verletzen. Treten Konflikte auf oder ist jemand unzufrieden – was natürlich vorkommen kann – dann werden sie heruntergespielt oder versteckt. Hierzu ein Beispiel:

> *„Ja, ich glaub schon, dass es auch an der chinesischen Kultur liegt, direkte Konflikte so ein bisschen zu ignorieren und einfach abzuwarten, nach dem Motto, es verändert sich eh irgendwie so ein bisschen von selber mit der Zeit, indem man sich selbst so anpasst und sich selbst so ein bisschen verändert und damit auch im Endeffekt die Situation ändern kann."* *(w / D / ca. 28 J)*

Wie bewältigt ein Chinese Kritik? Er ist bestrebt, durch positives gemeinsames Handeln, d. h. durch eine Intensivierung der persönlichen Beziehungen und durch Fokussierung auf Gemeinsamkeiten, den Gleichklang wieder herzustellen. Dadurch gerät der ursprüngliche Konflikt zunehmend in den Hintergrund, er wird verdrängt. Man ist sich, ohne darüber zu sprechen, einig, dass persönliche, gut funktionierende Beziehungen immer über sachliche Konflikte siegen und sie zur Bedeutungslosigkeit schrumpfen lassen. Diese zwei konträren Grundeinstellungen bezüglich Konfliktentfaltung und Konfliktlösung erklären und stützen einige der obigen Aussagen der Interviewten.

Es gibt heutzutage in China immer mehr Appelle, die traditionelle Einstellung gegenüber Kritik zu verändern, da sie „ ... die Entwicklung der Gesellschaft und der Zivilisation mehr hemme als fördere ..." [22 / S. 226]. Doch nach wie vor wird offene und direkte Kritik als grober Verstoß gegen Höflichkeitsregeln angesehen und gilt weiterhin als schwerwiegende Ursache für Konflikte beim Dialog unserer beiden Kulturen. Haben sich (deutsche) Verhandlungspartner verrannt und kam es bereits zum offenen Konflikt, dann bleibt als einziger Ausweg, die weiteren Verhandlungen mit neuen Partnern zu besetzen. In der Literatur sind einige Strategien zur Konfliktvermeidung und zu Kulturtechniken der Kritik zu finden. Eine dieser Techniken zur Vermeidung einer direkten Konfrontation lautet zum Beispiel: „Umwege benutzen" [22 / S. 217ff]. Dies entspricht einem der Strategeme und ist charakteristisch für einen chinesischen Kommunikationsstil, der sich im Gegensatz zum deutschen nicht durch Explizitheit und Direktheit auszeichnet. Eine deutsche Führungskraft praktiziert diese Technik:

> *„...also ich bin nicht der Ansicht, dass man sich mit Kritik {in China} völlig zurückhalten soll. Aber man muss genau den richtigen Punkt finden; niemals grundsätzlich Kritik üben. Erst sagt man, ich mag die chinesische Kultur, ich mag das chinesische Essen so gerne ... dann kann man schon mal sagen, also das*

gefällt mir irgendwie so nicht ...“

(w / D / ca. 55J)

Durch die vorangestellten Komplimente wird dem Kritisierten oder dem Gesprächspartner ein „Gesicht gegeben“. Für ihn wird die anschließende Kritik dann erst akzeptabel [22 / S. 229]. Bewährt hat sich auch eine „Sandwichtechnik“, mit der Kritik abgefedert wird: Man sagt etwas Positives, äußert seine Kritik und endet mit etwas Positivem. Denken Sie aber unbedingt daran: Kritik, sei sie auch noch so sachlich formuliert und abstrahiert, bleibt in China meist an Personen gebunden. Deshalb überlegen Sie sich sehr gut, ob man überhaupt etwas sagen sollte. Ein chinesischer Befragter meint:

> *„... aber manche Dinge, die die Arbeit nicht so direkt betreffen, sollte man auch nicht sagen; oder wenn einem was nicht so gefällt, wenn einen die Gewohnheit jetzt nicht so direkt stört, dann muss man auch nichts sagen.“*
> *(m / C / ca. 50J)*

Es gibt deutsche Führungskräfte, die trotz aller Hinweise und Erfahrungen den direkten Weg bevorzugen. Sie müssen sich dann über mögliche persönliche und geschäftliche Konsequenzen im Klaren sein:

> *„Bei mir ist es sicherlich Direktheit, da stoße ich immer wieder an Grenzen. Auf der anderen Seite, wenn ich mit Dingen unzufrieden bin, dann werde ich das auch vor anderen Leuten sagen.“ (m / D / ca. 35J)*

Eine weitere Erklärung dafür, dass man nicht direkt auf den Punkt kommt, ist die in der chinesischen Rhetorik verankerte Bedeutung der „Wahrung der Harmonie“. Der Harmoniegedanke basiert auf den verschiedenen, in Asien verbreiteten Religionen und Philosophien. Laut Günthner [10 / S. 132] versuchen die Chinesen, bevor sie zum Kernpunkt kommen, erst einen gemeinsamen Rahmen an Hintergrundinformationen zu schaffen. Der Grund: Die Harmonie schützt die sozialen Beziehungen der Interagierenden und das eigene und fremde Gesicht. Unausweichlich wirkt sich dies auf verschiedenste Aspekte des Geschäftslebens aus. Wichtig ist der Hinweis, dass man auch selbst sein Gesicht verlieren kann, wenn man den Gesichtsverlust von anderen verursacht [31 / S. 103]. Dies scheint ein plausibler Grund für das Verhalten von älteren Mitarbeitern zu sein, die erst nach der eigentlichen Besprechung ihre kritische Meinung preisgeben. Ein Befragter gibt an, im Unternehmen ältere chinesische Manager zu haben,

> *„... die zum Beispiel von ihm keinen Widerspruch hinnehmen können oder gar selbst widersprechen, jedenfalls nicht in der Öffentlichkeit...“ (m / D / ca. 60J)*

Der Aussage eines deutschen Befragten

> *„... dann trauen die sich das nicht, die wollen kein Gesicht verlieren.“ (m / D / ca. 60J)*

muss unter diesem Aspekt deutlich widersprochen werden: Es geht hier nicht um Mut oder darum, dass sich jemand nicht traut! Die Chinesen wollen einfach weder sich selbst noch ihrem deutschen Mitarbeiter Gesichtsverlust zufügen. Wenn Kritik erforderlich ist, sollte unbedingt ein Gespräch unter vier Augen bevorzugt werden [22 / S. 229]:

> *„Das Wichtigste ist immer, ihn beiseite zu nehmen und es {das Kritisieren} nicht vor anderen zu machen. Wie in Deutschland auch! Aber hier {in China} ist es noch viel wichtiger. In Deutschland spielt eben dieser Gesichtsverlust nicht so eine Rolle wie hier.“ (m / D / ca. 45J)*

Erst durch die Anwesenheit einer dritten Person wird der Gesichtsverlust sozusagen öffentlich. Je näher die Personen zueinander stehen, desto geringer fällt ein Gesichtsverlust aus, oder anders ausgedrückt, desto stärker darf Kritik geäußert werden. Wie bereits erwähnt, kann es dauern, bis sich in der Zusammenarbeit mit chinesischen Mitarbeitern und Geschäftspartnern eine gewisse Nähe und Vertrautheit einstellt.

Eine deutsche Mitarbeiterin sucht das Gespräch mit ihrem chinesischen Chef. Ihr fehlt eine Gelegenheit – z. B. ein Mitarbeitergespräch – bei der sie sich mit ihrem Chef in strittigen Punkten auseinandersetzen kann:

> *„Ich weiß nicht so recht wie ich es angehen soll. Da bräuchte ich eine Gelegenheit, um ihn allein zu sprechen, weil ich das nicht in der Gruppe machen will, ja das ist ja nur ne Sache, die uns beide betrifft… Es ist einfach schwierig, so den Moment abzupassen, weil sich ja gar nicht so die Gelegenheit ergibt. Mitarbeitergespräche werden nicht eingefordert; vom direkten Vorgesetzten ja sowieso nicht… In einer größeren Firma finden ja so was wie Mitarbeitergespräche statt. Dass man einfach auch mal die Möglichkeit hat, sich über solche Sachen zu äußern; aber so was kennen die gar nicht, so als interne Kommunikation.“*
>
> *(w / D / ca. 28J)*

Die Eindrücke der Interviewten sind nicht auf jedes Unternehmen anwendbar und dürfen nicht pauschalisiert werden. Dennoch finden sie in Verbindung mit vielen Beiträgen zum Thema „Kritik“ in der Literatur eine empirische Untermauerung. Sie weisen vor allem aber darauf hin, dass man sich zumindest behutsam mit dem Thema auseinandersetzen sollte.

Das chinesische Gesichtskonzept

> Gib jedermann Gesicht, lass
> niemanden seines verlieren
> und wahre dein eigenes.
> (chin. Sprichwort)

Nachdem immer wieder der Gesichtsverlust als Konsequenz offener Kritik erwähnt wurde, behandelt dieser Abschnitt die gesamte damit zusammenhängende Thematik etwas ausführlicher. Bei der Analyse einiger Interviewantworten fiel auf, dass das Gesichtskonzept verschiedene Handlungen und Situationen der Befragten wesentlich beeinflusste. Die Betroffenen waren außer Stande, diese enge Verbindung zu erkennen, da dies meist unbewusst geschah. Zwei selbst erlebte Anekdoten beleuchten das Thema und zeigen, welche Bedeutung das chinesische Gesichtskonzept hat, und dass man sich mit seinen Auswirkungen auf die Zusammenarbeit befassen muss. Das Erlebnis der deutschen Autorin:

> Bei einem gemeinsamen Essen in Deutschland mit Freunden und Bekannten war plötzlich ein Konflikt unter den Chinesen entstanden. Zur weiteren Diskussion gingen sie vor die Tür. Wie später eine chinesische Freundin erklärte, wollten sie damit einen kompletten „Gesichtsverlust“ vor uns allen vermeiden. Der Konflikt war dadurch entstanden, dass einer der Chinesen einen anderen aus der Runde beleidigte, der damit sein „Gesicht verlor“. Auffallend war, dass der (beleidigte) Chinese für den Rest des Abends nicht mehr aufblickte und mit tief gesenktem Kopf am Esstisch saß. Dieser Vorfall führte letztendlich zum kompletten Abbruch aller Beziehungen der am Tisch sitzenden, zuvor zum Teil sehr gut befreundeten Chinesen.

Wer lässt sich schon gern in aller Öffentlichkeit kritisieren? Dass dies als sehr unangenehm empfunden wird, ist eine sehr menschliche Eigenschaft und hängt primär nicht von der Herkunft eines Landes ab. Deshalb gibt es in allen Ländern spezifische Gesichtskonzepte, die den Menschen mehr oder weniger bewusst sind. Auf die Frage, ob Kritik direkt geäußert werden kann, meint ein Deutscher:

> *„Wenn ich Sie vor einem Publikum lächerlich mache, ist das auch nicht schön für Sie. Das heißt also, von der Kultur können Sie da keine Unterschiede reindichten. Das ist überall das Gleiche, hier vielleicht noch ein bisschen mehr.“* *(m / D / ca. 60J)*

Interessant ist, dass der Befragte seine Aussage, es gebe kulturell bedingt keine Unterschiede, am Ende durch die Gewichtung

„ein bisschen mehr" differenziert. Andere Interviewte wiesen darauf hin, dass es auch in Deutschland eine Rolle spielt, das Gesicht zu wahren. Die zweite Anekdote der chinesischen Autorin ist für Deutsche nur schwer nachvollziehbar:

> Ein deutsches Mittelstandsunternehmen ist sehr erfolgreich in Hongkong. Der dort eingesetzte chinesische Geschäftsführer machte eine hervorragende Arbeit. Der Umsatz nimmt von Jahr zu Jahr zu. Die deutsche Geschäftsleitung meint es gut und möchte ihrem chinesischen Geschäftsführer etwas von der immer größeren Arbeitslast abnehmen. Sie ernennt und unterstellt ihm deshalb einen chinesischen Vize-Geschäftsführer. Nach kurzer Zeit hat der erste Geschäftsführer gekündigt und die Firma verlassen.

Nach deutschem Kulturverständnis war das eine positive, gut gemeinte Entscheidung der Geschäftsleitung. Deshalb waren von der Kündigung alle völlig überrascht; niemand hatte eine Erklärung dafür. Was war passiert? Der erfolgreiche chinesische Geschäftsführer interpretierte die Ernennung des Vize-Geschäftsführers als versteckte Kritik an seiner bisherigen Arbeit. Dies bedeutete für ihn einen Gesichtsverlust vor seinen Kollegen und Mitarbeitern, aber vor allem auch in der Familie und im gesellschaftlichen Umfeld. Für ihn gab es nur eine mögliche Reaktion: die der Kündigung. Für die Loyalität eines chinesischen Mitarbeiters ist es enorm wichtig, ihm stets das Gefühl zu geben, dass man ihm vertraut und seine Arbeit schätzt. Ein deutscher Mitarbeiter stuft eine Gehaltserhöhung durchaus als eine wohlwollende Bewertung seiner Arbeit ein. Ein chinesischer Mitarbeiter erwartet vor allem auch eine verbale Bewertung seiner Arbeit in Form von Komplimenten. Ein Lob fällt in die Kategorie „Gesicht geben", und signalisiert Anerkennung und Respekt. Dieser Punkt wird von deutschen Vorgesetzten sehr oft unterschätzt.

„Mianzi" (Gesicht) gilt in China als eine bedeutende soziale Kraft zur Gestaltung zwischenmenschlicher Beziehungen und gehört zu den ältesten Konzepten des moralischen Verhaltens [23 / S. 178f]. „Gesicht" in chinesischem Sinn kann nicht wörtlich ins Deutsche übersetzt werden. Shi [31 / S. 94] stellt „Lian" (Gesicht) als die ethische Form des „Gesicht haben" dar: Das Ehrgefühl, der gute Ruf eines Menschen, d. h. seine äußere, wertebezogene Wirkung; so schätzen ihn die andern *qualitativ* ein. Ergänzend dazu drückt „Mianzi" (Gesicht) den zweiten Aspekt des „Gesicht haben" aus: Das Prestige aufgrund seines Wohlstands, seiner sozialen Stellung, seiner gesellschaftlichen Leistung. „Mianzi" ist die soziale, die *quantitative* Ressource: Man gibt und man nimmt. In China wird der Begriff benutzt, um das soziale Verhalten der Menschen zu beschreiben und zu beeinflussen. Das chinesische Gesicht kann als eines Menschen „höchstes Gut" übersetzt werden und ist auch nicht allein mit Höflichkeit gleichzusetzen [31 / S. 92ff]. Es hat im Vergleich zum deutschen und englischen Begriff einen viel größeren Bedeutungsumfang und ist sprachlich sehr fein ausdifferenziert. Die chinesische Sprache unterscheidet nicht nur zwischen: „Gei mian zi" (Gesicht geben) und „Liu lian" (Gesicht verlieren), was noch in etwa nachvollzogen werden kann. Begriffe wie ‚Zheng mian zi" (nach Gesicht streben) und „Liu mian zi (Gesicht belassen) machen jedoch deutlich, dass in China sehr viele Bedeutungen rund um „das Gesicht" existieren, die den Deutschen fremd sind.

Nach westlicher Auffassung beinhaltet der Begriff „Gesicht", „... dass jeder eine besondere soziale Rolle inne hat" [15 / S. 51]. Im Gegensatz zum westlichen Gesichtsmodell hängt die Vermehrung des sozialen Gesichts in China weniger von Eigenaktivitäten, dafür aber sehr stark von den gesichtgebenden Aktivitäten anderer ab [23/ S. 178]. Während in Deutschland jeder sein Image und Prestige selbst verantwortet, ist dies für Chinesen eher etwas Kollektives, woran auch die eigene Familie und die Gruppe beteiligt sind. Zu „Gesicht gebenden" Ereignissen gehören u. a.: Ein bestandener Schulabschluss der Kinder; die Heirat der Tochter in eine reiche, angesehene Familie; eine berufliche Beförderung; die erfolgreiche Zusammenarbeit mit einem internationalen (bekannten) Unternehmen. Letzteres ist der Grund dafür, dass es kleinere deutsche Familienbetriebe etwas schwerer haben, eine Kooperation mit renommierten chinesischen Unternehmen einzugehen.

Die Bedeutung des Gesichts unterscheidet sich in den jeweiligen Kulturen. Damit sind auch die Gründe für einen Gesichtsverlust oder die Wege, wie man es wahren kann, von den jeweiligen gesellschaftlichen Normen und Konventionen abhängig [31 / S. 90ff]. Das chinesische Gesicht „vermehrt" man vielschichtig, u. a. durch Erfolg oder durch vorzügliches Verhalten. Es nimmt mit der Anzahl der Beziehungen zu, über die man verfügt [31 / S. 90ff]. Es hat umso größeres Gewicht, je höher der soziale Status oder die Position der Person ist. Daraus resultiert, wie im Abschnitt „Visitenkarte" angesprochen, die große Bedeutung des Titels und des geschäftlichen Ranges, sowohl für ausländische Führungskräfte als auch für chinesische Mitarbeiter. Es verdeutlicht die Wichtigkeit von Beziehungen in der chinesischen Geschäftswelt (siehe „Beziehungen"). Das Gesicht eines anderen zu wahren, bedeutet im chinesischen Sinne vor allem, die Schwachstellen eines anderen nicht offen darzulegen [15 / S. 52]. Das Gesicht gewährleistet, von anderen als moralisch gefestigter Mensch akzeptiert zu werden. Umgekehrt hat ein Gesichtsverlust in der chinesischen Kultur viel schlimmere und weitreichendere Folgen als in Deutschland. Ein Gesichtsverlust bedeutet, nicht mehr als gleichwertiger Mensch behandelt zu werden. Daraus resultieren Infragestellungen von Macht und Einfluss, von Kompetenz und Moral [31 / S. 92f]. „Bu Yao Lian" (kein Gesicht mehr haben wollen) ist in China einer der schlimmsten Vorwürfe, den man jemandem machen kann und wirkt sehr verletzend. Es kommt aber auch darauf an, wer dies sagt und in welcher Situation. Wird diese Redewendung unter Freunden verwendet, bedeutet sie in abgeschwächter Form in etwa soviel wie: „Man sollte sich schämen".

Es gibt Situationen – wie in allen anderen Ländern auch – bei denen es für einen Fremden in China wichtig ist, zwischenmenschliche Spannungen zu vermeiden. Wertet man z. B. Handlungen von chinesischen Geschäftspartnern oder Mitarbeitern als „Fehler", dann muss man als deutsche Führungskraft unbedingt seine direkte Art und vor allem seine Aggressionen zurückhalten [15 / S. 51ff]. Man darf dem Partner nicht das Gefühl geben, etwas falsch gemacht zu haben. Trotzdem möchte man ihn darauf hinweisen. Es ist in solchen Fällen immer besser zu sagen, dass es „anders" gemacht werden sollte [15 / S. 51ff]. Ein Befragter gibt seine Erfahrungen wieder:

> *„Es gibt typische Fehler, z. B. in bestimmten Momenten die Geduld zu verlieren und dann jemanden anzuherrschen, wo es besser gewesen wäre, dies nicht zu tun. Dies ist ein Gesichtsverlust für denjenigen {der einen Fehler macht}, und der ist dann dementsprechend demotiviert ...."* *(m / D / ca. 45J)*

Wer sich als Vorgesetzter vor seinen Mitarbeitern nicht beherrschen kann, ist aus chinesischer Sicht kein kompetenter Chef und hat sich nicht unter Kontrolle (siehe [31 / S. 99] und „Emotionales Verhalten"). Auch die folgende Aussage drückt das aus:

> *„... man muss vielleicht ein bisschen mehr als in Deutschland die Folgen einer Handlung erkennen; muss schauen, was die anderen drum herum so für Gedanken haben. Das ist ein bisschen schwieriger ...."* *(m / D / ca. 35J)*

Wie kompliziert ein relativ unbedeutender Vorgang werden kann, damit jeder sein

Gesicht wahrt, demonstriert das folgende Beispiel:

> Ein ausländischer Mitarbeiter beschwert sich bei seinem chinesischen Vorgesetzten, dass er über etwas nicht informiert wurde, wodurch eine erhebliche Zeitverzögerung für einen Kunden entstand. Obwohl die Ursache eindeutig im eigenen Bereich lag, stellt der Vorgesetzte weitschweifend den Verantwortungsbereich dar und deutet vage die mögliche Schuld bei einem unbeteiligten, anonymen Dritten an. Der ausländische Mitarbeiter versteht das nicht und beabsichtigt, sich bei der obersten Leitung zu beschweren. Eine deutsche Mitarbeiterin wird gebeten, ihn zu kontaktieren, um ihm den Beschwerdebrief auszureden. Der chinesische Vorgesetzte lässt schließlich durch die Mitarbeiterin ausrichten, die Sache selbst zu klären und beim nächsten Mal vorbereitet zu sein. (w / D / ca.26 J)

Das chinesische Vorgehen sorgt umständlich und auf Umwegen dafür, dass keiner der Beteiligten sein Gesicht verliert. Nach deutschem Vorgehen wird (meist) die Sache von Personen getrennt: Man sucht in diesem Fall die (sachliche) Ursache dieser Informationslücke und stellt sie durch geeignete Maßnahmen ab.

Kreativität

> Ohne neue Ideen gibt es keinen Fortschritt.
> Ohne einen weiten Horizont gibt es keine Voraussicht.
> (Hsing Yun)

Wer kreativ ist, ist nicht automatisch ein Genie, aber Genie ohne Kreativität ist nicht möglich. „Genie ist 99 % Transpiration und 1 % Inspiration" stammt von T. A. Edison. Er weist der Inspiration als Motor der Kreativität einen sehr niedrigen Prozentsatz zu. Er will damit sagen, dass kreative Momente zwar unverzichtbar sind, aber den kleineren Teil eines Arbeitslebens ausmachen. Der Hauptanteil ist harte Arbeit, aber Kreativität ist die Voraussetzung für Innovation. Man kann nichts Neues erfinden ohne eine Menge guter, kreativer Ideen, von denen letztendlich nur einige wenige für den Menschen wirklich von Bedeutung sind und tatsächlich realisiert werden.

Den Deutschen fiel bei der Zusammenarbeit mit ihren chinesischen Mitarbeitern und Kollegen auf:

> *„... was schwierig ist, manche haben wenig Eigeninitiative; über den Rand hinaus denken oder hinaus gucken, das passiert hier wenig ..."* *(w / D / ca. 30J)*

> *„Kreativität finde ich ein großes Problem ...."* *(m / D / ca. 35J)*

Diese Aussagen werden in der Literatur bestätigt, wo das traditionelle Erziehungs- und Bildungssystem für den Mangel an Kreativität verantwortlich gemacht wird. Die Skala der durch Erziehung „abverlangten Tugenden umfasst bescheidenes Auftreten, gute Manieren, Freundlichkeit, Gehorsam, Disziplin und Unterordnung. Weniger Wert wird auf Kreativität, Selbständigkeit, Selbstbewusstsein und Durchsetzungsvermögen gelegt" [58 / S. 163]. Das chinesische Bildungssystem unterdrücke die Initiative des Einzelnen und somit jedes Aufflackern der Kreativität. Es lähme den Elan der begabtesten Schüler, so Chu [6 / S. 58]. Der Unterschied im und der Vergleich zwischen deutschem und chinesischem Bildungssystem ist nach Erfahrung der chinesischen Autorin folgender:

> In einem deutschen Seminar war ich es nicht gewohnt, dass der Professor so viele Fragen stellte, dass er aufforderte, über Themeninhalte nachzudenken, ja sogar an Diskussionen teilzunehmen. Meine ersten Gedanken: „Ich will geschult werden, du bist doch der Lehrer, sag mir doch, was ich machen muss, warum fragst du mich!". Ich hatte am Anfang Angst, gefragt zu werden und womöglich durch „Nichtwissen" mein Gesicht zu

> verlieren. Ich war verdutzt, dass die Leute in Deutschland es normal fanden, auch mal „nein" zu sagen oder zuzugeben, dass sie etwas nicht wussten. Im chinesischen Erziehungssystem war man von den Eltern dazu angehalten, die „Beste" zu sein. Es kam niemals zu einer Diskussion; nur wenn man sich als Student/Schüler „tausendprozentig" über eine Antwort sicher war, würde man seine Hand heben.

Nach Meinung der Autorinnen haben beide Seiten einen Vorteil: Beim deutschen System ist man zur Mitarbeit und Diskussion aufgefordert Das Gelernte prägt sich durch aktive Teilnahme fester ein. Das bedeutet jedoch einen Zeitverlust in dem Sinne, dass sich in der gleichen Zeiteinheit weniger Lerninhalte vermitteln lassen. In China wird einem die gesamte Information sehr schnell und kompakt vom Lehrer übermittelt. Man verliert keine Zeit. Man lernt vom Lehrer. Dieser muss sehr viel vorbereiten.

Die Regierung brauchte keine Nörgler und Zweifler – „es wurde auswendig gelernt und reproduziert" [5 / S. 138]. Wie Chen an gleicher Stelle hervorhebt, war und ist es auch heute noch nicht immer Ziel der Bildungsanstalten, kritisches Bewusstsein beim Lernenden zu wecken. Widerspruch ist unerwünscht. Dem Lehrer erweist der Schüler Respekt (siehe auch die „fünf menschlichen Beziehungen"). Er ist fachliches und persönliches Vorbild. Traditionelles chinesisches Lernen heißt zunächst einmal das Nachahmen des Lehrers. Die Grundidee ist, durch Auswendiglernen, durch Imitieren und durch Kopieren bekannte Inhalte und Erfahrungen zu verinnerlichen, bevor man sie dann in die Realität umsetzt. Eine chinesische Befragte sieht das so:

> *„In China reden mehr die Lehrer, die Schüler müssen zuhören. Wenn die Schüler manchmal eine unterschiedliche Meinung haben, werden sie kritisiert. Die Schüler sind sehr schüchtern und trauen sich nicht, über konträre Ideen zu sprechen."* *(w / C / ca. 55J)*

Diese Mentalität ist durch das Bildungssystem fest in allen Köpfen verankert. Ein Chinese „lernt" nach seinem Verständnis durch Nachahmen. Einmal auswendig Gelerntes wird für richtig gehalten. Das oft blinde Vertrauen der Chinesen in Geschriebenes brachte schon manchen zum Erstaunen [5 / S. 138]. Die Lernweisen beider Kulturen sind vom Grundsatz her verschieden: Während im Westen Wert auf Kreativität, Eigeninitiative und selbständiges Denken gelegt wird, ist die chinesische Erziehung und Bildung auf Reproduktion und das Lernen „von der Erfahrung des Älteren" ausgerichtet. Nach Konfuzius ist es eine Ehre, alte Meister zu kopieren und von ihnen zu lernen. Das ist auch einer der Gründe, weshalb in Sachen Produktpiraterie kein ausgeprägtes Unrechtsbewusstsein herrscht (siehe auch Kap. 3, „Schutz von Know-how").

Das aus westlicher Sicht oft passive Verhalten und Agieren der Chinesen hängt noch mit etwas anderem zusammen. Die Erblast des planwirtschaftlichen Systems, in dem sich die Haltung „Wer wenig tut, macht wenig Fehler", als zweckmäßig herausstellte, wird erst langsam von Generation zu Generation abgebaut [15 / S. 105]. Der Wandel ist dennoch spürbar: Schaut man sich weltweit an Elite-Universitäten um, findet man in zunehmender Anzahl Studenten chinesischer Herkunft, die sich Sprache und Kultur ihrer Gastländer, vor allem aber deren fortschrittlichste Wissensgebiete und Technologien mit einer beeindruckenden Lernbegeisterung aneignen. Wenn auch ein Teil der Studenten im Gastgeberland bleibt, so ist die Regierung in China sehr stark daran interessiert, diese Wissensträger für ihr Land wieder zurückzuholen. Die Rückkehrer werden „Hai gui" genannt. Dies ist ein Wortspiel: Die Aussprache entspricht der für „Meeresschildkröte". Die Bedeutung ist aber: Chinesen, die im Ausland studieren, kommen nach dem Studium wieder zurück. Dies ist ein passender bildlicher Vergleich zum Verhalten von Meeresschildkröten, der ganz im Sinn der chinesischen Regierung ausdrückt, dass die Studenten am „Ufer" (in China) geboren werden, im „Meer" (im Ausland) einige Zeit verbringen und zur „Reproduktion" mit ihrem Wissen ans Ufer (nach China) zurückkehren. Neben aktuellem Wissen auf allen fortschrittlichen und innovativen Gebieten haben diese Studenten natürlich auch Kritikfähigkeit gelernt. Was die Kreativität anbelangt, ist anzunehmen, dass sie zumindest dem Durchschnitt ihrer westlichen Kommilitonen in nichts nachstehen. Vielmehr gehören sie zu den besten Absolventen.

Die chinesische Regierung erhebt heute für ihr Land den Anspruch, zu den führenden Volkswirtschaften der Welt zu gehören. Dies kann nur auf Basis einer innovativen Wirtschaft erreicht werden. Dass die chinesische Regierung diese Zielsetzung ernst meint, sieht man an dem Fünfjahresplan von 2006 (siehe Kapitel 4): Innovationswirtschaft und Innovationstechnologie werden gefördert, damit sich China von seiner Rolle als Werkbank der Welt verabschiedet. Waren Chinesen bislang hierarchische und bürokratische Strukturen gewohnt, müssen sie nun moderne Managementprinzipien lernen, die mehr Eigenverantwortung und Selbstgestaltung verlangen.

Doch eines ist gewiss: Chinesen haben ein großes kreatives Potential, das noch lange nicht ausgeschöpft ist [54 / S. 93].

Kommunikation

> Macht selten die Worte, dann geht alles von selbst. (Laotse)

Das folgende Frage-Antwort-Szenario aus einem der Interviews soll auf das Thema Kommunikation einstimmen:

Frage: Würden Sie von sich sagen, dass Sie Ihre Art zu kommunizieren anpassen, wenn Sie mit Deutschen sprechen? Worin besteht der Unterschied, wenn Sie mit Chinesen reden?

Antwort: *„Ja doch, da gibt es Unterschiede. Verstehen Sie, bei Chinesen weiß ich, was der beste Weg ist, damit er meinen Punkt versteht und um das zu erreichen, was ich will. Bei Deutschen und bei anderen Nationalitäten bin ich mir nicht sicher. Das Einzige, was ich tun kann, ist deshalb sehr offen zu sein, ihm zu sagen, weshalb ich zu ihm komme; was ich von ihm möchte; ob er noch eine andere Idee hat, wie wir uns durch eine Diskussion einigen können. Manchmal gibt's keine Einigung. Dann wird's für Chinesen sehr hart. Normalerweise {mit Chinesen} bist du dir sicher, dass du dich einigen kannst. Aber wenn man mit Menschen anderer Nationalitäten redet, bist du dir nicht mehr sicher, manchmal erreichst du genau das Gegenteil. Z. B. wenn ich sage, ich habe eine gute Nachricht, bin ich der Überzeugung, dass es eine gute Nachricht ist, und ich möchte das unbedingt den Deutschen mitteilen. Aber das Ergebnis ist, er ist nicht glücklich darüber, denn er meint, dass dies keine gute Nachricht ist. Das passiert ab und zu."*

(w / C / ca. 55J)

Hall unterscheidet zwischen High-Context- und Low-Context-Kommunikation. Während Deutschland der Low-Context-Kultur zugeordnet wird, fällt China in die andere Kategorie. „Die Adjektive ‚low' und ‚high' beziehen sich dabei auf das Ausmaß, in dem beim Kommunizieren der nichtsprachliche Kontext einer Situation in das Gespräch einbezogen wird" [19 / S. 64]. Wenig Raum für eigene Interpretationen bietet dem Zuhörer die Low-Context-Kommunikation, bei der möglichst alle relevanten Informationen sprachlich ausgedrückt und umschrieben werden. Die kommunizierten Botschaften werden direkt und eindeutig formuliert. Bei der High-Context-Kommunikation hingegen ist der Kontext einer Gesprächssituation bestimmend, d. h. das „Drumherum", wie z. B. die Betonung, nonverbale Signale, die Atmosphäre etc. Kennzeichnend ist die indirekte Botschaft. Oft lässt sich nur unter Berücksichtigung des gesamten Gesprächsumfeldes und Gesprächszusammenhangs die Bedeutung dessen, was ausgesagt wird, verstehen [19 / S. 64]. Bei der Untersuchung von chinesisch-deutschen Unterschieden im Diskursstil bestätigt Günthner [10 / S. 170], dass Chinesen zum indirekten Stil tendieren, während Deutsche den direkten Stil bevorzugen.

Ein Grund zur vorsichtigen Ausdrucksweise der Chinesen (und der Angehörigen fast aller asiatischer Länder) liegt in der politischen Geschichte. Bei unsicherer politischer Lage eines Landes waren die Menschen automatisch gezwungen, oft vorsichtige und nichtssagende Äußerungen zu machen [21 / S. 27]. Bestes Beispiel dafür, wohin offene Kritik des Systems führen kann, ist die „Hundert-Blumen-Bewegung" (siehe Kap. 4). Dieses traurige Ereignis gehört allerdings der Vergangenheit an, eine Wiederholung angesichts der heutigen chinesischen Regierung ist undenkbar.

Chinesen fällt es generell schwer, ein direktes „Nein" zu sagen [20 / S. 16]. Deshalb wählen sie die indirekte Kommunikation. Dies bestätigen Aussagen der Interviews:

„Also vieles wird halt unter Chinesen mit Aussitzen oder Stillschweigen oder auch interner ‚Um-den-heißen-Brei herum Kommunikation' gelöst oder auch nicht gelöst. In der westlichen Mentalität versucht man halt schon – klar ist es nie angenehm – sich mit jemandem direkt auseinander zu setzen. Es wird schon eher als normal oder auch als notwendig erachtet, es so zu lösen, als es ungegoren vor sich hin brodeln zu lassen." (w / D / ca. 28J)

„... Du kommst mit der Art nicht zurecht, dass kein klares ‚Nein' gesagt wird ...."
(m / D / ca. 45J)

Die folgende Interviewpartnerin übernimmt wegen ihrer guten chinesischen Sprachkenntnisse oft eine Übersetzer- und Vermittlerfunktion. Das geschilderte Erlebnis zeigt, welchen Wortwechsel eine indirekte Antwort auslösen kann, wenn die kulturelle Kluft sehr groß ist, im Sinne von „kleine Frage – große Wirkung":

„.Ein deutscher Kollege stellt eine Frage – ich übersetze. Er erwartet eigentlich nur ein ‚Ja' oder ‚Nein' bzw. ein ‚Geht' oder ‚Geht nicht'. Und wenn man dann so ne typische chinesische Antwort bekommt. Die Frage löst zwischen mir und dem Chinesen einen Wortwechsel aus. Ich übersetze dann zurück. Eigentlich weichen die {chinesischen Kollegen} der Frage total aus. Und wenn man nochmal nachhakt, dann kommt die Gegenfrage {des Chinesen}: ‚Was ist denn der Sinn dieser Frage?' (shenme yise). Ja, was soll ich dazu sagen. Er {der Deutsche} will einfach nur diese Information haben. Der Chinese will aber damit sagen: Eigentlich habe ich indirekt gesagt, ich weiß es nicht; oder ich möchte es nicht sagen; oder ich habe keine Ahnung. Ja, und der Deutsche kann mit der Antwort nichts anfangen. Er versucht weiter zu erklären: Es entstehen die und die Probleme. Er fragt wiederum: Ja wie ist es denn nun: ‚ja' oder ‚nein' bzw. ‚geht das' oder ‚geht das nicht'. Ich übersetze erneut. Und wir arten dann in so eine Sinndiskussion aus, ob das jetzt so angebracht ist oder nicht."
(w / D / ca. 28J)

Oft wird ein „Keneng" (vielleicht) als Synonym für „Nein" verwendet [21 / S. 28]. Die Begründung ist schlüssig: Wenn man jemanden mit einem direkten „Nein" quasi ablehnt, gibt man ihm kein „Mianzi" (Gesicht) [31 / S. 96]. Will man ein Anliegen ablehnen, kann man das in China tun, allerdings auf eine für Deutsche als unhöflich geltende Art und Weise: Man wechselt das Thema. Auch Übergehen oder Überhören sind in China akzeptable Reaktionen [31 / S. 97]. Zwei Befragte geben ihre Erfahrung in der täglichen Korrespondenz wieder:

„... mit den Chinesen hab ich sehr viel telefoniert, Faxe geschrieben, häufig kam gar keine Antwort ...." (w / D / ca. 30J)

„E-Mail ist ja auch so ein Kommunikationsmittel, was noch nicht ganz ernst genommen und teilweise ignoriert wird. Da weiß man auch nie, hat er's bekommen oder hat er es gleich gelöscht, oder was ist damit passiert .... Und auch das Fax. Wenn man was schriftlich hinschickt, ist die beste Methode eigentlich direkt hinterher anzurufen und den persönlichen Kontakt zu suchen .... Was soll ich mit dieser Pause anfangen, wenn keine Antwort kommt? Hat er es noch nicht bekommen, hat er keine Zeit, findet er es nicht gut, findet er es jetzt einfach zu profan, um darauf zu antworten? Was ist sein Problem? Und gerade, wenn das ein Vorgesetzter ist. Ich hab' auch das Gefühl, dass ich zu viel nerven würde, als Untergebene ihn damit zu behelligen." (w / D / ca. 28J)

Später bei der Teilnahme an einem interkulturellen Training wurde der Interviewten bestätigt, dass mit Schweigen oft eine verneinende Antwort gemeint ist. Chinesen erwarten, dass man bei unbeantworteten Fragen auch nicht weiter „nachbohrt" [15 S. 53]. Die Erfahrungen einer chinesischen Interviewten verdeutlichen dies:

„... Deutsche und andere Leute aus dem ‚Westen' sind sehr offen mit ihren Meinungen. Wenn sie etwas tun wollen, dann machen sie es auch und sind dabei zufrieden; wenn nicht, dann sagen sie ‚nein'. Aber Chinesen sind anders. Wenn sie über etwas nicht so glücklich oder nicht gewillt sind, etwas zu tun, dann schweigen sie, vor allem in einer Besprechung." (w / C / ca. 55J)

Bei der Konversation mit Chinesen ist deshalb wichtig, auf das zu achten, was nicht gesagt bzw. nicht beantwortet wird: Auf Pausen, auf Schweigen, auf Bemühungen zu einem Themenwechsel. Pausen sind u. a. ein Zeichen dafür, dass man dem, was der andere sagt, Respekt entgegenbringt und darüber nachdenkt. Bei der Analyse der Interviews fällt auf, dass insbesondere bei unliebsamen und unangenehmen Themen das Gespräch langsam und schleppend verläuft. Der kennzeichnende Hinweis dafür sind besonders lange Pausen, Dehnung der Wörter und immer wieder Lachen. Als aufmerksamer und rücksichtsvoller Gesprächspartner achten Sie natürlich auf diese Zeichen und erinnern sich: Fragen dürfen durchaus auch unbeantwortet und „offen" bleiben. Dies ist ganz im Sinne einer harmonischen Begegnung, wie man aus folgender, von der deutschen Autorin selbst erlebten Situation feststellen kann. Man kann bei Freunden beobachten, die nie in China waren und sich deshalb auch nicht mit den chinesischen Landsleuten im täglichen Umgang auseinander setzen konnten, dass sehr oft das nötige Feingefühl fehlt, in bestimmten Situationen angemessen zu reagieren:

Eine deutsche Freundin war im Gespräch mit einem chinesischen Kommilitonen. Da sie von dem angesprochenen Chinesen auf ihre Frage immer nur ausweichende Antworten bekam, wiederholte sie mehrfach diese einfache Frage. Sie glaubte, es liege daran, dass ihr Gesprächspartner sie nicht verstehe. Schließlich mischte ich mich ein, indem ich durch eine andere Frage vom Thema ablenkte. Unter vier Augen erklärte ich meiner Freundin, dass der Chinese die Frage sehr wohl verstanden hatte, sie aber einfach nicht beantworten wollte. Da ihm die Frage unangenehm war, gab er ausweichende Antworten zu ganz anderen Themenbereichen. Die Freundin erlebte und empfand die Situation als „komisch", konnte sich jedoch das Verhalten unseres gemeinsamen chinesischen Bekannten nicht erklären. Sie war mir für mein Ablenkungsmanöver und die Erklärung dankbar.

Ein wesentlicher Teil des Kommunikationsprozesses mit Fremden ist die Deutung von nicht explizit Gesagtem [16 / S. 67]. Mit nonverbalen Signalen kommunizieren viele Chinesen z. B. auch Kritik [31 / S. 99]. Ein Deutscher hat meist Schwierigkeiten, diese Signale richtig zu deuten. Er zieht auf der Basis seiner eigenen, gewohnten Erwartungen Rückschlüsse aus dem Handeln und Verhalten der anderen. Aufgrund der unterschiedlichen „sprachlichen Mittel zur Indizierung der vorausgesetzten Handlungs- und Beziehungsschemata" und der zumeist interkulturell verschiedenen Schemata an sich, führt das dann zu Nicht- oder Missverstehen [16 / S. 67]. Im Rahmen ihrer Vermittlerrolle bei mittelständischen Unternehmen ist das für die chinesische Autorin tägliche Praxis bei der Korrespondenz. Statt eines „Nein" kommt gar keine Antwort. Wenn der Text in Englisch verfasst ist, kann diese „Funkstille" bedeuten, dass der englische Text per E-Mail oder Briefverkehr nicht verstanden oder nicht beantwortet werden kann; vielleicht will auch jemand nur nicht auf Englisch kommunizieren. Das heißt aber keinesfalls, dass ein Geschäft „tot" ist. In diesen Fällen sollte man mit dem Partner die Lage in chinesischer Muttersprache mündlich (telefonisch) klären. Umgekehrt bedeutet ein „Ja" nicht notwendigerweise endgültige Zustimmung oder eine verbindliche Zusage. Achten Sie darauf, wie oft etwas gesagt wird: Je öfter ein Punkt wiederholt wird, desto größere Bedeutung hat er für den chinesischen Gesprächspartner. Genau das wurde uns Deutschen bereits in der Schule beim Aufsatzschreiben abgewöhnt, nämlich Wiederholungen zu machen. In der Kommunikation mit Chinesen heißt es umzulernen. Wiederholungen signalisieren die Wichtigkeit eines Gesprächs- oder Verhandlungspunktes bzw. lassen Zustimmung erahnen.

Zwingen Sie ihre chinesischen Gesprächspartner nie in eine Situation, in der ausschließlich nur mit „Ja" bzw. „Nein" geantwortet werden kann. Da besteht große Gefahr, dass beide Seiten ihr Gesicht verlieren. Stellen Sie, wie wir das bei unseren Interviews auch gemacht haben, offene Fragen. Dann kann ihr Gesprächspartner seine Meinung vertreten oder Probleme aus seiner Sicht schildern.

Betrachtet man Kommunikation als Informationsfluss, dann kommt dieser Fluss sehr oft zum Stocken. Informationen werden von chinesischer Seite häppchenweise „verabreicht" und zwar so viel, wie für die augenblickliche Situation angemessen erscheint. Oft ist eine Gesamtsicht, eine Strategie, nicht erkennbar. Mangels Einblick in das Gesamtbild ist man als Mitarbeiter nicht in der Lage, mitzudenken und in einem gewissen Umfang selbständig zu handeln. Mit deutschen Augen empfindet und erlebt man dies als Zurückhaltung von Informationen, was erhebliche Einschränkungen der Motivation bei den zu erfüllenden Aufgaben zur Folge hat:

> *„Also Information und Wissen ist schon Macht, das, was man ungern teilt. … Bewusst oder unbewusst wird das schon teilweise zurückbehalten oder Infos werden auch nur gefiltert weitergegeben. Wenn man Infos oder Wissen hat, gehört man zum gewissen Kreis dazu, und der das halt nicht hat, gehört nicht dazu. … Wer dann seinen Arbeitsbereich hat, der sichert dadurch auch seine Position. Wenn jemand anderes das genauso kann oder weiß wie er, ist da ja in dem Moment ne unmittelbare Konkurrenz."* *(w / D / ca. 28J)*

Hinzu kommt, dass man als Deutscher indirekte Andeutungen („nicht ausgesprochene" Informationen) wahrscheinlich gar nicht erst als solche wahrnimmt. Hier eine erlebte Situation, wie eine deutsche Mitarbeiterin die indirekten Anweisungen ihres chinesischen Chefs nicht erkannte:

> Eine deutsche, noch relativ unerfahrene Mitarbeiterin wartet darauf, endlich eine selbständige Aufgabe zu bekommen. Eines Tages erkundigt sich ihr chinesischer Chef, ob sie eine bestimmte Aufgabe ab morgen *„alleine"* machen könne. Die Antwort der Mitarbeiterin *„Ja, das könne sie alleine"* war aus ihrer Sicht eine höfliche Antwort auf die Frage des Chefs – aber nicht mehr. Diese „Nachfrage" wollte der chinesische Chef jedoch als höfliche, indirekte Aufforderung verstanden wissen, die von ihm angesprochene Aufgabe durchzuführen. Er hat das nicht direkt gesagt. Am Ende des nächsten

Tages stellte der Chef fest, dass die Aufgabe unerledigt blieb. Er war sichtbar enttäuscht, als ihm eine Kollegin bestätigte, dass die Mitarbeiterin schon nach Hause gegangen war. Diese Kollegin berichtete am nächsten Tag von der enttäuschten Reaktion des Chefs, worauf die noch unerfahrene Mitarbeiterin erwiderte: *„Er hat mir ja auch noch nicht so direkt gesagt, dass ich das ab jetzt machen soll."* *(w / D / ca. 25J)*

Viele Befragte erwähnen die Begriffe „Direktheit" bzw. „Indirektheit" mehrmals im Verlauf der einzelnen Interviews. Einige Aussagen dazu:

„...bei mir ist es sicherlich Direktheit, da stoße ich immer wieder an Grenzen...." *(m / D / ca. 35J)*

„... als Deutscher ist man zwangsläufig ab und zu ein bisschen ungeduldiger und direkter in der Art ..." *(m / D / ca. 35J)*

Die letzte Aussage ist interessant: Direkter Kommunikationsstil heißt nicht, dass man als Deutscher „zwangsläufig" nur diese eine Möglichkeit zur Kommunikation hat; er gilt auch nicht als Grundvoraussetzung fürs „deutsch sein". Man kann den Kulturen und gerade auch ihren Menschen in bestimmten Situationen keine typischen Verhaltensmuster zuordnen. Es kommt meist situativ auf die jeweilige Interaktion und auf die daran Beteiligten an. Ein weiterer Befragter meint zu diesem Thema:

„Ich versuche in vielen Fällen, sagen wir mal etwas chinesischer zu denken und auf diese Art und Weise irgendwelche Ressentiments, die man durch seine direkte Art und Weise der Verhandlungsführung erzielt, zu unterdrücken, die zu eliminieren. Also eher eine indirekte Vorgehensweise." *(m / D / ca. 60J)*

Eine Interviewte ist der Meinung, dass Europäer aufgrund ihrer Direktheit für Chinesen berechenbarer wären:

„Wir neigen halt nicht so sehr dazu, in Bildern zu sprechen. Wir sprechen alles direkt an und sagen ‚das finde Ich gut' – ‚das finde Ich nicht so gut'; ‚das kann ich ändern' – ‚das nicht'. Alles hat einen direkten Bezug. Im Chinesischen wird das nicht so klar gesagt: da heißt es einfach ‚das geht nicht'. Wenn man dann fragt ‚warum', kommt nie eine erklärende Antwort, die man irgendwie nachvollziehen kann, sondern nur: ‚das ist unsere Regel', oder ‚das ist das Gesetz' oder ‚so ist es halt' „ *(w / D / ca. 28J)*

Ein direktes „Nein", ohne weitere Erklärung, empfindet ein chinesischer Gesprächspartner als unhöflich [7 / S. 18]. Der direkte und sachbezogene Gesprächsstil der Deutschen wird als „kein Gesicht geben" interpretiert und gilt deshalb als aggressiv und unbescheiden. Hier eine weitere Erfahrung aus der Alltagskommunikation:

„ ... ich bin manchmal sehr ungeduldig und geh' dann auch hoch. Das ist auch bei deutschen Mitarbeitern nicht angebracht ... aber bei Chinesen ist natürlich die Reaktion extremer ...." *(w / D / ca. 55J)*

Was die deutsche Führungskraft ausdrücken will, ist, dass deutsche Mitarbeiter, bedingt durch die Sachorientierung, weniger empfindlich auf ihre Temperamentsausbrüche reagieren. Hingegen fassen die chinesischen Mitarbeiter „Wutausbrüche" als Wertung gegen ihre Person auf und vor allem als ein Mangel an Selbstbeherrschung. Ihre Reaktion muss in diesem Sinne als „extremer" bezeichnet werden, da sie nicht wissen, wie sie das Verhalten der Deutschen interpretieren sollen (siehe auch „Emotionales Verhalten").

Da den Deutschen das chinesische gesichtgebende Kommunikationsverhalten und die Hintergründe meist unbekannt sind, interpretieren sie gewisse Äußerungen und Redewendungen oft fälschlicherweise als Schmeichelei oder als Unehrlichkeit [31 / S. 103]. Die Aussage einer Deutschen verdeutlicht, wie schwierig eine angemessene Interpretation sein kann:

„Jetzt hab ich zu einer Abschiedsfeier eingeladen in zwei Wochen und da kommen die inte-

ressantesten E-Mails. Also blumige Danksagungen, wo ich mich etwas wundere und ich das nicht ganz gut einordnen kann. Nun, ich nehme aber an, sie meinen es ernst {als Zusage}. Ich kann es nicht anders interpretieren."
(w / D / ca. 30J)

Eine Deutsche beschreibt, wie sie ihr Vorstellungsgespräch erlebt hat:

„Es ist schon befremdlich. Er {der Chef} wirkt auf mich als ein totaler Angeber. Ich hatte noch nie so ein Vorstellungsgespräch. Er hat private Sachen erzählt. Er hat sich gelobt, er hat die Firma gelobt. Er hat sich Null interessiert für meine Person. Ich weiß nicht, mit welchen Kriterien er mir den Job gegeben hat."
(w / D / ca. 35J)

Welche Gefühle das Gespräch bei der Deutschen ausgelöst hatte, schildert sie selbst. Ihr war ganz offensichtlich nicht bewusst, dass der potentielle Vorgesetzte für sich als Mensch und für das Unternehmen werben wollte, was sie als „sich selbst Loben" und Angeben empfand. Dieses Verhalten des zukünftigen Chefs sollte das Interesse der Bewerberin wecken und sie von den Vorzügen des neuen Arbeitsplatzes überzeugen. Dies ist ein weiteres Beispiel für Missverständnisse in der deutsch-chinesischen Kommunikation. Ein chinesischer Interviewpartner kommentiert, dass

„... die Chinesen oft durch die Blume reden oder wenn sie eine Bitte haben, oft auch nicht direkt sind, sondern erst mal über vieles andere sprechen." *(m / C / ca. 50J)*

Weiter oben bei Gesprächsthemen haben wir diese Art der Unterhaltung mit „Honig im Mund" bezeichnet. Allerdings, so der Chinese, sei dies auch situationsbedingt. Nach Anpassungsschwierigkeiten im fremden Land befragt, antwortet ein deutscher Interviewpartner genervt:

„... oder dieses ewige Entschuldigen für etwas, was gar nicht entschuldigungswürdig ist: Dieses ‚Bu hao yi se' (‚Entschuldigung'), ‚Bu hao yi se'... Das sind Sachen, womit man sich erst mal auseinandersetzen muss und versuchen muss, zu verstehen und damit klar zu kommen ...." *(m / D / ca. 45J)*

In Asien ist die Entschuldigung Ausdruck guten Benehmens und hat einen hohen moralischen Stellenwert. Hingegen liegt in Deutschland normalerweise ein konkreter Grund vor, wenn man sich bei jemandem entschuldigt [21 / S. 30]. Eine abschließende Anekdote unterstreicht diese Erfahrung und lässt erkennen, dass man offensichtlich unmerklich die Handlungsweisen einer fremden Kultur sehr rasch annimmt:

„Nach Rückkehr von einem einjährigen Chinaaufenthalt stellte ich fest, dass ich mich in Deutschland entschuldigte, wo es nicht erwartet wurde. Mir fiel das erst auf, als ich die fragenden Blicke bemerkte." (w / D / ca. 25J)

Sprachliche Herausforderungen

Wer Geist hat, hat sicher auch das
rechte Wort, aber
wer Worte hat, hat nicht
notwendig Geist. (Konfuzius)

Bei interkulturellen Begegnungen ist die Sprache selbst das Haupthindernis: „Die Grenzen meiner Sprache sind die Grenzen meiner Welt", meint L. Wittgenstein. Eine der Interviewten drückt das so aus:

„Also unbewusst geht man ja in der Fremdsprache ganz andere sprachliche Wege. Also ich würde das im Deutschen ganz anders formulieren als ich das dann nachher im Chinesischen mache, oder auch sagen kann. Und dadurch geht auch viel verloren: Also ich habe das Gefühl, dass ich teilweise gar nicht richtig ausdrücken kann, was ich will. Und dass ich auch keine andere Sprache habe, in der sie mich verstehen würden. Die wenigsten können ja Deutsch und dann wäre ja nur noch Englisch. Da es für beide eine Fremdsprache ist, ist da noch weniger Verständigung, weil jeder noch sein kulturelles Bild reinbringt und dann hört man total aneinander vorbei. Das sind so

die großen Hürden, dass man keinen direkten Draht zueinander hat." *(w / D / ca. 28)*

Wenn die Voraussetzungen der Sprachbeherrschung erfüllt sind, so bilden als nächstes die unterschiedlichen Denkweisen eine weitere große Hürde. Die Sprache drückt nicht nur Gedanken und Botschaften aus, sondern auch Denkweisen. Deshalb sind im Prozess der Entstehung und Wahrnehmung von Kultur sprachliche Äußerungen von großer Bedeutung. Für alle Beteiligten ist es schwierig, eine gemeinsame Basis des Verstehens zu finden, „wenn die kulturelle, psychologische, wirtschaftliche, technologische und politische Distanz zwischen zwei Sprachen beziehungsweise Kulturen groß ist" [9 / S. 82]. Kulturbedingte Unterschiede können auch bezüglich bestimmter Sprechakte, Handlungssequenzen, Diskurskonventionen, Gesprächsthemen, kommunikativer Stile etc. sichtbar werden [17 / S. 70ff]. Bei der Vorbereitung auf eine neue Kultur sollte man sich vor allem auch mit „sprachlichen Äußerungen von Kultur befassen" [13 / S. 25f.]. Inwiefern die Interviewpartner bezüglich sprachlicher Kompetenz auf ihren Auslandsaufenthalt vorbereitet waren und welche Bedeutung eine sprachliche Vorbereitung hat, wird u. a. in diesem Abschnitt gezeigt.

Bedeutung von Sprachkenntnissen

Wahre Worte sind nicht schön,
schöne Worte sind nicht wahr.
(Lau Dan)

Sprache nimmt in der menschlichen Begegnung eine Schlüsselrolle ein, sowohl mit Angehörigen der eigenen, als auch der fremden Kultur [9 / S. 74]. Viele Interviewpartner geben an, zumindest elementare Chinesischkenntnisse zu besitzen, mit denen sie sich im Alltag zurecht finden können: Beim Einkaufen, beim Essen bestellen usw. Das ist für die ersten Wochen und Monate eines Chinaaufenthalts sicher ausreichend. Natürlich sind elementare Sprachkenntnisse wichtig und geben ein erstes Gefühl der Sicherheit, da sie erste Kontaktaufnahmen und einen zumindest kleinen Gedankenaustausch mit nur chinesisch sprechenden Kollegen und Mitarbeitern ermöglichen.

„Also … wenn man die Sprache spricht, wer China kennt, wird glaube ich schneller akzeptiert als andere." *(w / D / ca. 30J)*

„Englisch ist sehr hart für die {Chinesen}. Aber wer Chinesisch kann, springt in ein Taxi und sagt 'Nong hao' {‚Guten Tag' in Shanghaier Dialekt}. Und die werden sagen: ‚Hallo, Sie sprechen Shanghaier Dialekt'. Sie sprechen nicht wirklich den Dialekt, aber wenn sie ein paar Floskeln auf Chinesisch können, nur ein paar, die sie kennen müssen, dann sagen die ‚Ah, ein China-Kenner!' und das gibt denen ein gutes Gefühl." *(m / K / ca. 40J)*

„Die Sprache ist schon der Schlüssel irgendwie und zeigt, dass man so ein gewisses Interesse hat." *(w / D / ca. 28J)*

Viele Grußformeln, Routinehandlungen, Sprechakte etc. unterliegen ganz bestimmten sprachlichen Mustern, die man beherrschen sollte, um in gewissen Situationen angemessen reagieren zu können. Empfehlenswert ist zumindest Floskeln wie „Na li Na li" („Nicht der Rede wert") zu beherrschen. Man kann dann z. B. auf die Höflichkeitsaussage, dass die eigenen Chinesischkenntnisse (egal welchen Niveaus) „sehr gut" seien, mit Bescheidenheit reagieren. Auch ein „Bu yong xie" („Nichts zu danken") oder ein „Bu ke qi" („Gern geschehen") kann Wunder bei einem chinesischen Partner bewirken. Ein Befragter bestätigt, diese Floskeln anzuwenden:

„… das sind wirklich viele Höflichkeitsfloskeln, die man loslässt … um zunächst ein gewisses Vertrauen aufzubauen." *(m / D / ca. 35J)*

Es wird deutlich, dass derjenige mit gefestigteren Sprachkenntnissen diese am Arbeitsplatz einsetzen kann. Das Ergebnis eines kleinen Lesetests mit den Interviewpartnern in Shanghai beweist, dass die Befragten neben der Verbesserung ihrer mündlichen Kommunikation vor allem die chinesische Schrift besser beherrschen sollten. Sonst ist es nur mit großen Einschränkungen möglich, sich in Alltagssituationen zurechtzufinden. Will man z. B. Zeitung lesen oder in einem typischen (und preiswerten) Restaurant für seine europäischen Besucher ein kleines Menü zusammenstellen, dann ist das ohne elementare Kenntnisse der Schrift nicht möglich, außer man weiß die Namen der Gerichte auswendig. Speisekarten existieren meist nur in chinesischer Sprache.

Alle Befragten waren sich einig, dass vor allem im chinesischen Geschäftsleben chinesische, in zweiter Linie auch englische Sprachkenntnisse eine sehr große Rolle spielen:

> *„Also ich glaube sehr wohl, dass Sprachkenntnisse eine Rolle spielen … es wäre um einiges einfacher, um auch Geschäfte zu machen, wenn man Chinesisch sprechen könnte, gar keine Frage."* *(m / D / ca. 45J)*

Einer der Interviewten ist der Meinung, dass Sprachkenntnisse für ihn, trotz seiner begrenzten englischen und nicht vorhandenen chinesischen Kenntnisse, keine Rolle spielen. Eine plausible Begründung kann in diesem Fall sein, dass er bei seiner Kommunikation nur spezifisch fachliche Sprachkenntnisse in Englisch anwendet, die keine differenzierten Kommunikationsinhalte und -formen benötigen. Dabei spielen eine korrekte Grammatik oder stilistische Feinheiten eine Nebenrolle [9 / S. 80]. Vor allem in Zukunft werden Sprachkenntnisse eine immer bedeutendere Rolle spielen:

> *„Eine sehr sehr wichtige {Rolle} aus meiner Sicht. … weil die Positionen, in denen die Deutschen arbeiten, die sind nicht mehr zwangsläufig im Top Management Bereich, die werden integriert in verschiedenen Gruppen … da wird Chinesisch aus meiner Sicht um einiges wichtiger."* *(m / D / ca. 35J)*

Sprache kann viel mehr: Sie verbindet und nähert an, baut Vorurteile ab, verbessert die Zusammenarbeit und Akzeptanz beider Seiten. Um diese Erfahrungen zu machen, gehört mehr dazu als der „Survival Sprachschatz" für den Alltag. Mehrere Interviewte und auch die Autorinnen stellen fest, dass die so bedeutsamen persönlichen Beziehungen ohne entsprechende Sprachkenntnisse in China nur schwer aufzubauen sind. Ein weiterer Vorteil sei – so eine Befragte –, dass derjenige vor anderen akzeptiert werde, der die chinesische Sprache beherrsche und das Land kenne. Die interviewten Chinesen meinen, dass Deutsche sich auf jeden Fall zumindest für die Alltagssprache Kenntnisse aneignen sollten, um die menschliche Distanz zu verringern, die Arbeit effektiver zu gestalten, mehr zum Unternehmen beizutragen und somit auch die Kosten zu reduzieren. Generell bringt die Aneignung und der Gebrauch einer Fremdsprache ein grundlegendes Interesse an der anderen Kultur zum Ausdruck [9 / S. 83], [31 / S. 71]. Ein Chinese empfand es als ungerecht, sich sprachlich einseitig (meist deutsch oder englisch) anpassen zu müssen:

> *„Chinesen haben sich immer bemüht, sich den Ausländern anzupassen. Sie versuchen immer ein bisschen Englisch zu sprechen oder Deutsch. Aber umgekehrt sprechen die meisten Deutschen kein Chinesisch …"* *(m / C / ca. 50J)*

Nicht nur, dass die meisten Deutschen kein Chinesisch sprechen, sie nehmen oftmals in der Kommunikation mit Chinesen überhaupt keine Rücksicht:

> *„… und dann gibt es noch ein Problem. Denn eine solche Kommunikation in deutscher Sprache ist für Chinesen ungünstig … meistens kann ich auf Deutsch nicht so toll reden. Dann nimmt er {der Deutsche} überhaupt keine Rücksicht auf seine Partner und spricht ganz*

schnell. Ich habe von den Chinesen oft gehört: ‚Die Deutschen sprechen einfach zu schnell'. Wenn die Chinesen versuchen, deutsch zu sprechen, dann sollen die Deutschen auch versuchen, Geduld zu haben und langsam zu sprechen." (m / C / ca. 50J)

Aufgrund der vielen deutschen Unternehmen in China können Deutsche durchaus als mächtige Minderheit bezeichnet werden. In China gibt es ca. 4.000 deutsche Unternehmen, Organisationen und Institute [27]. Die Deutschen erwarten von ihren chinesischen Mitarbeitern, dass diese die Muttersprache „ihres" Unternehmens beherrschen und erzwingen damit eine einseitige Anpassung. Wegen der hohen Anzahl deutscher Unternehmen erlernen viele Chinesen die deutsche Sprache. Dazu bieten etliche Institutionen in China Lernprogramme an: Z. B. hat die Tongji-Universität in Shanghai eine sehr bekannte deutsche Fakultät. Was die Auswahl sprachlich hoch qualifizierter chinesischer Mitarbeiter anbelangt, haben Deutsche einen strategischen Vorteil gegenüber Unternehmen aus anderen Ländern. Trotzdem erwarten auch Chinesen, dass die für längere Zeit in China arbeitenden Deutschen Chinesisch sprechen oder die Sprache lernen:

„Die sollen auf jeden Fall die Sprache lernen. Natürlich, Chinesisch ist schwer für die Deutschen zu lernen. Aber zumindest, wenn sie in China arbeiten, für Alltagskommunikation sollten sie Chinesisch lernen. Wenn sie etwas auf Chinesisch sprechen können, ist die Distanz geringer." (m / C / ca. 50J)

Die chinesische Autorin hat sehr viel Kontakt zu Deutschen in China und zu Personen, die nach China gesandt werden. Sie kann es oft nicht verstehen, weshalb die meisten Deutschen – obwohl zum Teil schon sehr lange in China – kein einziges Wort Chinesisch sprechen, nur aufgrund der Einstellung, dass es zu schwer sei. Es wird auch nur selten der Versuch unternommen, eine Sprachschule zu besuchen. Deutsche erwarten von ihrem chinesischen Gegenüber, „ihre" Sprache zu beherrschen. Doch Deutsch zu lernen ist für Chinesen auch harte Arbeit, dennoch tun es fast alle. Diese konträre Einstellung ist soziogesellschaftlich zu begründen. Chinesen müssen von klein auf kämpfen, um in ihrem Leben eine Chance zu bekommen. Chinesische Kinder lernen von früh bis spät und belegen zusätzliche Kurse, um später bessere Chancen zu haben (siehe auch „Teamarbeit").

Die Aussage einer Interviewten zeigt, dass es massive Nachteile haben und zu eklatanten Missverständnissen führen kann, wenn man die Sprache nicht beherrscht. Die Ausgangssituation der folgenden Anekdote war, dass die meisten der deutschen Mitarbeiter kein Wort Chinesisch konnten und nur einer der chinesischen Angestellten sprach ein paar Worte Deutsch.

Als Repräsentanten der Firma mit direktem Kundenkontakt erwarten deutsche Führungskräfte von ihren Mitarbeitern ein angemessenes Verhalten: Sie sollen nicht „in der Nase bohren", sie sollen aufrecht sitzen und den Kunden „angemessen" gegenübertreten, etc. Ein Chinese sollte entlassen werden, da er diese Voraussetzungen nicht erfüllte. Eine deutsche Interviewpartnerin setzte sich für ihn ein. Beim verantwortlichen Management hinterfragte sie, ob diesem Mitarbeiter jemals gesagt, erklärt oder vorgemacht wurde, wie er sich „angemessen" zu verhalten habe. Sie stellte erstaunt fest, dass das nie geschah. Daraufhin bat sie seine chinesischen Kollegen, ihn über deutsche Erwartungshaltungen hinsichtlich „anständigem" Verhalten aufzuklären. Der Chinese bekam eine zweite Chance und es funktionierte. (w / D / ca. 55J)

Nur durch das vorbildliche Verhalten der Deutschen, durch ihren Einsatz als Mittlerin und durch ihre direkte Einwirkung auf die chinesischen Mitarbeiter behielt dieser Chinese seine Stelle. Der deutsche Chef, der kein Chinesisch sprach, wählte hingegen den bequemen und direkten Weg, indem er den Angestellten fristlos entlassen wollte. Ohne die sprachliche Fähigkeit der engagierten Deutschen wäre zwischen den Beteiligten keine Kommunikation möglich gewesen. Die Befragte wusste aus Gesprächen mit deutschen Kollegen, dass ein großes Misstrauen gegenüber den chinesischen Mitarbeitern besteht. Häufige Ursache dafür ist, dass eine verbale Verständigung untereinander nicht möglich ist. Geht man gedanklich einen Schritt weiter und stellt die Frage, was passiert wäre, wenn der Chinese nicht diese zweite Chance bekommen hätte. Er und die chinesischen Mitarbeiter in seinem Umfeld hätten bestimmt mit großem Unverständnis auf seine Entlassung reagiert. Auf beiden Seiten hätten sich bestehende Vorurteile noch weiter verfestigt. Sprachkenntnisse könnten auch dazu beitragen, Missverständnisse schon im Ansatz zu verhindern, wie das folgende Beispiel einer jungen Mitarbeiterin zeigt:

> *„Es sind sehr oft so Sachen, wo ich mich etwas verletzt fühle, ...die ich mir zu Herzen nehme und sie meinten es gar nicht so persönlich. ... Eben vorhin, z. B. dass sie mich auf Chinesisch beschimpfen. ...das war eindeutig durch Intonation und Gestik und was weiß ich."*
>
> *(w / D / ca. 35J)*

Diese deutsche Mitarbeiterin versteht und spricht kein Chinesisch, aber sie hat den subjektiven Eindruck, dass chinesische Kolleginnen über sie sprechen. Intonation, Gestik und Lautstärke interpretiert sie – nach ihrem kulturellen Maßstab – sogar als Beschimpfen. Hier können sehr große Missverständnisse entstehen. Gerade Intonation, Pausen zwischen den Gesprächen und Gestik unterscheiden sich extrem in verschiedenen Kulturen. Beobachtet man Chinesen beim Gespräch im Bus oder auf der Straße, dann vermitteln allein die Lautstärke und auch der gesamte Sprachausdruck oftmals den Eindruck, dass sich die Gesprächspartner streiten. Jedoch zeigt sich bei genauerem Hinsehen, dass dies eine ganz normale Konversation ist.

Wie bereits erwähnt, verwenden Chinesen ungern ein direktes „Nein". Auch hinterfragen sie nicht, wenn sie etwas nicht verstanden haben. Werden sie etwas gefragt, auf das sie keine Antwort wissen, dann geben sie aus Höflichkeit einfach irgendeine Antwort. Ist man sich dieser Tatsache nicht bewusst, dann werden Sachverhalte komplett verschieden interpretiert, was sich wiederum fatal auf eine enge Zusammenarbeit von Mitarbeitern, aber noch verhängnisvoller bei geschäftlichen Verhandlungen auswirken kann. In solchen Situationen ist es hilfreich, nochmals zu wiederholen, wie man etwas aufgefasst bzw. verstanden hat und ggf. darum zu bitten, dass man verbessert wird. Doch auch dann ist immer noch große Vorsicht geboten. Oftmals wird aus Angst davor, etwas anderes sagen zu müssen, nur ein Nicken wahrzunehmen sein. Es benötigt Zeit, ein Gefühl dafür zu bekommen, welches Nicken, bei welcher Antwort ein klares „Ja" bedeutet, bzw. bei welchem Nicken noch Vorsicht geboten ist und man besser nochmals an anderer Stelle nachfragen sollte. Der zeitraubende Umweg über die schrittweise Klärung einer missverstandenen Situation ist leider oftmals der einzig Erfolg versprechende Weg; er ist bestimmt nicht der schnellste, aber unterm Strich der effektivste.

Kommunikation mittels Dolmetscher

Es ist zu empfehlen, einen Dolmetscher mit entsprechendem Wissen über die für das Geschäft relevanten Fachgebiete zu engagieren. Sollte hierfür niemand zu finden sein, so ist es ratsam, jemanden mit dem relevanten Basis-Know-how vertraut zu machen, bevor man sich wichtigen Verhandlungen oder Vorträgen vor einem fachlich kritischen Zuhörerkreis stellt. Bei wiederholtem Einsatz kann das der Dolmetscher des Vertrauens werden. Die folgende Aussage demonstriert, dass Kommunikation mit Hilfe eines Dolmetschers äußerst kompliziert und riskant sein kann:

> *„Ich habe einen Vortrag gehalten über die Struktur einer Stadt … ich war dann also fünf Minuten am Vortragen und dann höre ich, dass meine Dolmetscherin etwas komplett anderes übersetzt … da gingen bei mir alle Alarmlampen an ….“*
>
> *(m / D / ca. 60J)*

Dieser Befragte bemerkte zu seinem Glück, dass falsch übersetzt wurde. Ein englisch sprechender Chinese saß zufällig im Publikum, der den Sachverhalt für alle Zuhörer erklären konnte. Dass beim Einsatz von Dolmetschern in China immer wieder Fehlkommunikationen entstehen, wird in der Literatur mehrfach erwähnt [6 / S. 28], [31 / S. 68f]. Chinesische Dolmetscher können oft nicht zugeben, eine Äußerung nicht verstanden zu haben, weil es ihrem beruflichen Ansehen schaden würde. Der Befragte gab an, dass

> *„… die Dolmetscherin danach dann natürlich ein bisschen sehr zappelig war …“*

was verständlich ist, da die Bloßstellung vor dem gesamten Publikum für sie einen erheblichen Gesichtsverlust bedeutete. Dieser Befragte erläutert weiteres Konfliktpotenzial, das auf sprachlichem Defizit beruht:

> *„… und eine Sache, wo man verteufelt aufpassen muss, ist bei Verhandlungen mit Chinesen, dass der Dolmetscher zu viel dolmetscht. Der Dolmetscher sagt das, was er verstanden hat, aber das mag nicht genau das Richtige sein ….“ (m / D / ca. 60J)*

Ein Kubaner stellt fest:

> *„In den Übersetzungen zum Beispiel geht viel das Gefühl für bestimmte Dinge verloren und auch Nuancen gehen verloren, die für die Verhandlungen eine große Rolle spielen, in denen es sehr wichtig ist, genau zu wissen, was der andere Partner ausdrücken will. Man verliert sehr viel Zeit durch Diskussionen darüber, was gemeint sein könnte.“ (m / K / ca. 55J)*

Das Ausmaß solcher Fehlübersetzungen ist für die geschäftliche Zusammenarbeit, insbesondere bei Vertragsabschlüssen, nicht abzusehen. Die Hilfe seiner intensiv vorbereiteten chinesischen Mitarbeiter zu nutzen, ist ein praktikabler Weg aus diesem Dilemma, wie das folgende Beispiel zeigt:

> Einer der kubanischen Befragten verwendete bei seinen Verhandlungen Englisch. Er bemerkte aber, dass die Verständigung auf beiden Seiten nur sehr eingeschränkt und äußerst mühsam war. Auch seine Geschäftspartner besaßen nur elementare Englischkenntnisse und die Aussprache war auf beiden Seiten extrem unterschiedlich. Er hatte die Idee, seine chinesischen Mitarbeiter als Kommunikatoren fungieren zu lassen. Deshalb bereitete er sie in spanischer Sprache intensiv und in aller Ruhe auf die entsprechenden Verhandlungsthemen vor. Bei den folgenden Verhandlungen gab er die Thematik und den Takt auf Spanisch vor *„…um sich exakt ausdrücken zu können“*. Die Thematik übermittelten die Mitarbeiter dann auf Chinesisch. (m / K / ca. 55J)

Ein anderer Kubaner beherrscht Chinesisch so gut, dass

> *„… ich meine Rede auf Chinesisch halten kann. Ich hab mehr Zeit zu reden, denn ich brauche keine Übersetzung und du hast besseren Zugang zu den Zuhörern. Denn wenn du die mit ‚Freunde, guten Morgen‘ begrüßt, dann reicht das schon, das macht einen riesigen Unterschied … Ich sag das nicht gern zu meinen Kollegen, die nicht Chinesisch sprechen. Aber auch deshalb benutze ich Chinesisch: Wir können uns in Englisch nicht verständlich machen. Die Aussprache ist sehr verschieden zu dem, was man gewöhnt ist. Sie konstruieren die Sätze nicht gut und sie machen viele Fehler und da sind Wörter, die du nicht verstehst. Auf Chinesisch kann ich mich viel verständlicher machen, egal wie weit das geht.“ (m / K / ca. 40J)*

Vor Kommunikationsproblemen darf man sich also keinesfalls in Sicherheit wiegen, auch wenn viele Dolmetscher mittlerweile einiges an Erfahrung gesammelt und zusätzliche Kompetenzen erworben haben. In jedem Fall sollten die Dolmetscher die chinesische Kultur kennen und mit den darauf begründeten Denkweisen vertraut sein, die wiederum entsprechende Verhaltensweisen auslösen. In manchen, häufig spontan auftretenden Situationen muss ein Dolmetscher eine erweiterte Funktion übernehmen, nämlich die Rolle eines Vermittlers. Wie im Schlüsselerlebnis der chinesischen Autorin (siehe Kap. 1) demonstriert, verhindert ein fähiger Vermittler z. B. sprachliche Missverständnisse. Bei spezifischen chinesischen Verhandlungsmethoden schlägt ein Vermittler eine passende Antwortmethode vor. Er sollte in der Lage sein, das Spiel, das gerade „gespielt" wird, zu durchschauen, d. h. die nonverbalen und die Stimmungselemente interpretieren können. Dies hat nichts mit einer falschen Übersetzung zu tun. Diese Vorgehensweise ist mehr in die Kategorie „Wahrung der Harmonie" bei Gesprächen einzuordnen. Dolmetscher, die eine „Eins-zu-Eins"-Übersetzung der Sprache beherrschen, gibt es ausreichend. Dolmetscher, die eine Vermittlerrolle wie in der im Schlüsselerlebnis beschriebenen Weise übernehmen können, sind nicht allzu häufig anzutreffen. Ein weiteres Erlebnis:

> *„Ich begleitete eine deutsche Delegation nach China. Am Abend war ich so müde, weil die Deutschen einfach zu direkt sind. Ich musste die ganze Zeit etwas anderes dolmetschen, damit die wichtigen Dinge nicht schief gingen und um die Atmosphäre aufzubauen. Fachliche Begriffe kann man dabei nicht ändern, aber es ist sehr wichtig, immer auf die Stimmung zu achten."* *(w / C / ca. 30J)*

Ein erfolgreicher Vermittler weist neben seinen Übersetzungskompetenzen aber auch betreuende Eigenschaften auf und hat das gewisse Gespür für Verletzlichkeiten auf beiden Seiten der Gesprächsparteien. Er ist in der Lage, kulturbedingte Differenzen, die sich auf die menschlichen Beziehungen auswirken, abzubauen. Eine Portion Gewitztheit und Gelassenheit kann nicht schaden und rundet seine Kompetenzen ab.

Verständigung in einer Drittsprache (Lingua franca)

Ein UdM erzählt folgende Anekdote, die seinem Freund passierte:

> *„Am Ende seiner Geschäftsreise verbrachte ein Bekannter von mir noch ein paar Tage privat mit seiner Frau in Shanghai. Seine Frau verspürte Rückenschmerzen. Auf seinem Schreibtisch im Hotel entdeckte er eine Reklame mit Massagen. Er spricht sehr schlecht Englisch, fast gar nicht. Er hat angerufen und 20 Min. später stand eine knapp bekleidete junge Dame vor der Tür. Sie schaute ein bisschen irritiert, insbesondere als er dann sagte, ja das ist nicht für mich, sondern für sie {seine Frau}."*
> *(m / D / ca. 50J)*

Vor allem wenn beide Gesprächspartner eine dritte Sprache nicht besonders gut beherrschen, ist jeder bestrebt, einfach Wort für Wort zu übersetzen. Das entspricht dann aber noch lange nicht dem Sinn der Botschaften, die beide austauschen wollen – wie das in der einleitenden Anekdote deutlich wird. Das Gespräch nimmt seinen eigenen – meist nicht den beabsichtigten – Gang. Dass die Unterhaltung in einer dritten Sprache das gegenseitige Verstehen und damit interkulturell bedingte Konflikte noch verschärfen kann [17 / S. 19], liegt auf der Hand. Es entsteht bei dieser interkulturellen Aktion eine Eigengesetzlichkeit, die zu Unsicherheiten des Deutens und des Handelns auf beiden Seiten führt [17 / S. 18]. Einer der kubanischen Befragten fasst seine Erfahrungen mit Chinesen zusammen:

> *„Englisch ist nicht ihre Sprache und nicht unsere – so ergeben sich doppelte Schwierigkeiten*

... Englisch ist von keinem von uns die Muttersprache. Deshalb wissen wir manchmal nicht, was die eigentliche Bedeutung der Aussage ist ...." (m / K / ca. 40J)

Eine deutsche Interviewpartnerin stellt fest:

„... was ich in China festgestellt habe, dass es doch einige gibt, die eigentlich ein hohes Bildungsniveau haben, aber einfach kein Englisch sprechen. Da ist einfach mal ne Hürde begründet." (w / D / ca. 25J)

Bei der Einschätzung der Sprachkenntnisse eines Kubaners stellt sich ein Chinese selbst die Frage und gibt die Antwort dazu:

„... Spricht der Englisch? Nun, ja und nein! ...." (m / C / ca. 45J)

Eine deutsche Mitarbeiterin, die gut Chinesisch spricht, beobachtet:

„Also ich merke halt nur, wenn Chinesen und Deutsche sich in Englisch unterhalten: Da ist wirklich so die meiste Misskommunikation, weil einfach Wörter falsch aufgefasst werden oder falsch benutzt werden. Allein schon durch die Tonlage wird viel falsch aufgefasst." (w / D / ca. 28J)

Gerade beim Gebrauch einer Drittsprache besteht die Gefahr, einen Begriff zu verwenden, der „falsch" interpretiert wird, weil dieser in den beiden Landessprachen total unterschiedliche kulturelle Bedeutung hat [9 / S. 87] – von wörtlich übersetzten Redewendungen ganz zu schweigen. Dies lässt sich ganz einfach an dem Wort „Freund" demonstrieren. Kubaner bezeichnen jeden als ihren „amigo" (also Freund), während ein Deutscher unter Freundschaft i. Allg. eine tiefere Beziehung versteht und somit die Unterscheidung von Freund und enger Freund als wichtig erachtet. Chinesen bezeichnen Ausländer gerne als „laowai pengyou" (ausländischer Freund), auch wenn sie diesen gerade erst kennen gelernt haben. Wenn man also auf Basis einer englischen Verständigung das Wort „friend" benutzt, sollen mit ein und demselben Wort ganz unterschiedliche Botschaften ausgetauscht werden [42 / S. 39]. Hier eine Anekdote zu einem weiteren, falsch angewandten Begriff:

Ein chinesischer Mitarbeiter hielt eine Präsentation auf Englisch. Er benutzte sehr oft das Wort „maybe". Durch seine Übersetzung des in chinesischem Sinn bescheiden gemeinten „Keneng" (vielleicht) mit „maybe" wirkte sein Vortrag auf ausländische Geschäftspartner sehr unprofessionell, was dazu führte, dass sie an seiner Kompetenz zweifelten. Der Vortragende wollte mit „maybe", so wie im Chinesischen mit „Keneng", nur vornehme Bescheidenheit ausdrücken. Er durfte aber keinesfalls „maybe" benutzen, da dessen Botschaft für ausländische Ohren Unsicherheit und nicht Bescheidenheit vermittelt. (w / D / ca. 26J)

Weitere Ursachen für Herausforderungen in der Kommunikation liegen in der – für Deutsche – ungewohnten Art und Weise, wie Chinesen die englischen Sätze konstruieren und aussprechen. Wenn also ein Chinese beim Gebrauch einer Drittsprache intuitiv die Regeln seiner eigenen Sprache verwendet, nimmt sein Gegenüber unbewusste „Regelverletzungen" wahr. Was aus Sicht des Gesprächspartners eine unverständliche oder zumindest ungewohnte Satzbauweise darstellt, entspricht für den Chinesen völlig „normalen" Regeln. Kommunizieren beide in einer Fremdsprache – in diesem Fall Englisch –, sind Missverständnisse vorprogrammiert. Dass die Verwendung und das Verstehen von Sprachroutinen eine hohe Sensibilität verlangen, vor allem wenn fremde Handlungs- und Verhaltensweisen davon abhängen, macht das folgende Beispiel deutlich:

„Wenn du eine negative oder verneinende Frage stellst, z. B.: 'Das kann so nicht sein?' antwortet der eine {je nach seinem landesüblichen Sprachgebrauch} – wenn er einverstanden ist – mit 'Nein', ein anderer mit ‚Ja'." (m / K / ca. 35J)

In so einem Fall hilft meist nur eine vorsichtige Umformulierung der Frage bzw. man zerlegt die Frage in Teile und lässt sich in Teilschritten eine Bestätigung geben. Aber auch diese Vorgehensweise kann in eine Sackgasse führen, wenn als Antwort ein unerwartetes „O.K." kommt, das logisch nicht zur Frage passt. Spätestens jetzt ist es angebracht, sich für seine umständliche Frageformulierung zu entschuldigen. Ansonsten liegt der Verdacht nahe, man glaube, sein Gesprächspartner sei „schwer von Begriff".

Besonderheiten der chinesischen Sprache

> Jene, die wissen, reden nicht;
> Jene die reden, wissen nicht.
> (Laotse)

Die Amtssprache ist Mandarin – auch Hochchinesisch genannt. Mandarin wird an den Schulen unterrichtet und im Radio und Fernsehen ausgestrahlt. Deshalb versteht man es in ganz China. In jedem Land unterscheiden sich Unterhaltungen – auch abhängig von Gruppen bzw. Dialekten – im Sprachgebrauch und im Sprachausdruck. Die chinesische Sprache hat acht verschiedene gesprochene Formen [9 / S. 77]. Dies stellt für Fremde, die meinen, die chinesische Sprache zu beherrschen, eine große Schwierigkeit in der Verständigung dar, insbesondere auf Geschäftsreisen durch mehrere Provinzen:

> *„Zu Anfang macht es große Schwierigkeiten, Chinesisch zu verstehen, da man die Akzente nicht gewöhnt ist. Man kennt auch nicht spezielle Redewendungen. Wenn man sich mit Personen unterhält, die nicht von da stammen, wo man Chinesisch gelernt hat, ist es sehr schwierig, denn dann versteht man den Akzent nicht."* *(m / K / ca. 40J)*

Einer der Interviewten bemerkt, dass gerade das Verstehen der chinesischen Sprache aufgrund der vielen sprichwörtlichen Redensarten („Cheng yu") schwer und zudem für Ausländer fast unmöglich zu erlernen sei:

> *„... in unserer Sprache gibt es keine Sätze, die man benutzt aufgrund eines 'höheren kulturellen Levels', den man besitzt. Nur um den Leuten zu zeigen, dass man eine Menge über die Geschichte weiß ... Aber dann haben die {Chinesen} diese komplizierten Redewendungen, von denen man nicht wissen kann, was sie bedeuten, wenn man die Geschichte Chinas nicht kennt."* *(m / K / ca. 40J)*

In der Tat ist die Verwendung einer „andeutenden" Ausdrucksweise in China sehr häufig, so dass man oft zwischen den Zeilen zu „hören" hat. Diese Ausdrucksart wird jedoch nicht verwendet, um anzugeben – wie der Interviewte meint. Sie geht auf historische und politische Wurzeln zurück. Für einen Ausländer ist es nahezu unmöglich, diese Ausdrucksweise zu verstehen, bevor er nicht viele Jahre in China verbracht und sich mit dessen Kultur und Geschichte auseinandergesetzt hat. In ihrer Arbeit stellt Jin [13 / S. 81] diese Tatsache als große Herausforderung für chinesisch sprechende Ausländer dar. Sie argumentiert des weiteren, dass zudem fundierte Geschichtskenntnisse, Kenntnisse der Traditionen und eine sensible Wahrnehmung für Untertöne in Texten notwendig sind, um den eigentlichen Sinn der Sätze zu erraten. Die Chinesen verwenden auch im täglichen Umgang oftmals versteckte oder umschreibende Ausdrucksweisen. Ein kleines Beispiel soll dies verdeutlichen.

> Bei einem chinesischen Paar beginnt die/der Durstige den Dialog mit: „Schatz, hast Du Durst?" Somit weiß der andere sofort, dass sein Partner durstig ist. Ein deutsches Paar würde die Bitte direkt formulieren: „Schatz, wärst du so nett, mir den Wasserkocher anzustellen, ich habe Durst." (w / C / ca. 27J)

Der Chinese sagt für das ungeübte „nicht-chinesische" Ohr etwas anderes als er meint. Wenn ein Chinese sagt, er fühle sich für eine bestimmte Aufgabe nicht qualifiziert genug, dann meint er das nicht so. Er will eigentlich sagen, dass er zwar qualifiziert ist, dass ihm aber seine Bescheidenheit verbietet, das so offen kund zu tun. Es ist Aufgabe eines Unternehmers bzw. einer Führungskraft, die in dieser Bescheidenheit zum Ausdruck kommende Tugendhaftigkeit zu erkennen und dann seinem Gesprächspartner klar zu machen, dass er von dessen Fähigkeiten überzeugt ist. Seine vordergründige Aussage einfach zu akzeptieren („er wäre nicht qualifiziert genug"), würde wahrscheinlich bedeuten „... sich einen Feind fürs Leben zu machen" [6 / S. 64f]. Das Vertrauen wäre von da an zwischen Unternehmer und potenziellem Partner bzw. zwischen Chef und Mitarbeiter gründlich gestört.

Nonverbale Verständigung

Die Betonung des Gesagten, die Mimik, die Gestik weisen ebenfalls viele kulturspezifische Unterschiede auf, die Ursache von Missverständnissen sein können. So bestehen ganz unterschiedliche Assoziationen zwischen Deutschen und Chinesen, wenn ihr jeweiliges Gegenüber lächelt. Spricht ein (deutscher) Vorgesetzter seinen chinesischen Mitarbeiter auf ein Problem oder auf einen Fehler an, dann lächelt dieser wahrscheinlich aus Verlegenheit. Da Chinesen in Situationen lächeln, in denen Deutsche nicht lächeln würden, wird das vorschnell als ein Zeichen von „Unehrlichkeit" oder „Schadenfreude" interpretiert. In der Tat drückt „Lächeln" bei Deutschen „vor allem positive Emotionen wie Freude, Freundlichkeit und Sympathie aus. Hingegen zeigen Chinesen (Asiaten) oft einen ‚lachenden' Gesichtsausdruck, um negative Emotionen wie Ärger, Verwirrung, Peinlichkeit oder Ratlosigkeit, vor allem aber auch Verlegenheit und Unsicherheit zu überspielen" [17]. Das permanente Lächeln eines chinesischen Vorgesetzten sollte man jedoch nicht als einen Ausdruck seiner Verlegenheit bzw. Unsicherheit interpretieren. Seine Aufgabe sieht er darin, Harmonie am Arbeitsplatz zu verbreiten. Wenn dann aber in kritischen Situationen dieser lächelnde Ausdruck unverändert bleibt, dann stimmen für westliche Mitarbeiter die Botschaft der Mimik und die Situation nicht mehr überein. Man empfindet das als „Pokerface": man hat nicht die leiseste Ahnung, woran man ist, bzw. was der chinesische Partner oder Chef (über einen) denkt. Man fühlt sich ratlos, verunsichert, ja verärgert. Das chinesische Lächeln erzeugt in kritischen Situationen mit westlicher Brille gesehen das Gegenteil dessen, was eigentlich beabsichtigt ist.

Korrespondenz mit Geschäftspartnern

Deutsche lieben die schriftliche Fixierung von Sachverhalten. Es sollte eben „niet- und nagelfest" sein. Chinesen würden einen Handschlag zum Abschluss eines Geschäftes vorziehen. Das lässt einfach mehr Spielraum für noch bessere Ideen und Konditionen. Stellt ein Deutscher seinem chinesischen Partner per Brief oder E-Mail eine Sachfrage, dann wird die Antwort eventuell lange auf sich warten lassen. Trifft schließlich eine Antwort ein, ist die Wahrscheinlichkeit groß, dass ausweichende, indirekte Formulierungen verwendet werden, die aus Sicht des deutschen Partners verschiedene Interpretationen erlauben, was diesen wenig begeistern wird. Je nach Fragestellung enthält das Antwortschreiben evtl. auch nur nichtssagende Bemerkungen, die dann vorschnell als Ausreden eingestuft werden und mit denen erst recht nichts anzufangen ist. Eine Unterstützung können in solchen Situationen Vermittler geben, die bei der Interpretation von „indirekten Antworten" behilflich sind. Sieht man hier mal davon ab, dass offene kritische Punkte zwischen Geschäftspartnern die Korrespondenz verzögern, dann gibt es auch ein paar ganz einfache Erklärungen dafür, dass nicht die sehnlichst erwartete Antwort kommt. Mails oder Briefe, die in englischer Sprache verfasst sind, können oft nicht gelesen werden. Da sich dann meist auch niemand finden lässt, der sich eine Übersetzung zutraut, wird die Bedeutung und Wichtigkeit der Korrespondenz nicht erkannt. Deshalb kann es sein, dass diese einfach im Papierkorb landen. Man darf auch nicht davon ausgehen, dass die Infrastruktur von Post und Internet so stabil wie in Deutschland ist. Es passiert des öfteren, dass E-Mails den Adressaten nicht erreichen. In solchen Fällen ist es empfehlenswert, per Telefon Kontakt aufzunehmen, indem man auf deutscher Seite jemanden beauftragt, der Chinesisch spricht.

Anpassung des Markennamens

Für chinesische Käufer ist das Image eines Produktes noch wichtiger als für Deutsche. Ist Ihr Unternehmen bzw. Ihr Produkt in China unbekannt, dann sollten Sie sich für die Außendarstellung ausreichend Zeit nehmen und Fantasie walten lassen. Bemühen Sie sich um einen Unternehmensauftritt auf „chinesische Art". Drucken Sie z. B. Marketing- und Werbematerial auf Chinesisch und nicht auf Englisch oder gar Deutsch. Der chinesische Name des Unternehmens und das chinesische Markenzeichen haben große Bedeutung und großen Einfluss auf den geschäftlichen Erfolg. Wenn die Darstellung und Symbolik des Logos, die direkte Übersetzung und die Farbkomposition des Unternehmensnamens gegen chinesische Konventionen verstoßen, ist der geschäftliche Misserfolg vorprogrammiert. Niemand wird in China ein Produkt kaufen, das einen schlechten Klang hat. Ein Audi Quattro hätte in China schlechte Karten, da die Ziffer „Vier" auch „Tod" bedeutet. Es gibt viele Beispiele von erfolgreichen Anpassungen des Markennamens. In Absprache und mit Genehmigung der Marketing- bzw. Presseabteilungen zitieren wir hier einige:

Die Bayerischen Motorenwerke BMW vermarkten hierzulande die „Freude am Fahren". Chinesen sagen zu den Autos aus Bayern „Bao ma" („kostbares Pferd"). Und so eins hat jeder gern „im Stall" – in der Garage.

Wenn chinesische Heimwerker von „Bo shi" schwärmen, meinen sie Bosch. Die Geräte der deutschen Firma Bosch signalisieren dem Käufer in China mit der Bedeutung des Wortes aber auch, dass „überall auf der Welt" so gute Geräte erhältlich sind.

Beim Isolierkannen-Spezialisten Alfi stehen Design und leichte Bedienbarkeit im Mittelpunkt der Produkte. Diesem Konzept bleibt Alfi in China auch namentlich treu und nennt sich dort „Ai li fei". Das heißt soviel wie „das Schöne und Dahinschwebende lieben".

Normalerweise zeigen Gemüsewaagen im Supermarkt Gewicht und Preis der Ware an und drucken ein Etikett aus. Chinesen, die sich das Logo und den Namen der Wiegegeräte von Bizerba ansehen, erfahren außerdem, dass Waagen von „Bi cai" sehr wertvoll sind. Übersetzt heißt das soviel wie „Grüne Jade-Farbe": Man muss dazu wissen, dass Jadesteine in China den Rang von Diamanten haben.

Trotz der inzwischen eingeführten Angebote im Luxussegment steht VW in Deutschland nach wie vor für Autos, die für jedermann gebaut werden. Darauf setzt der Konzern auch in China und hat den Namen dem Volk gewidmet: „Dazhong Qiche" (Dhazong = Volk). Volkswagen soll auch in China die ganze Familie von einem Ort zum andern bringen.

Versuchen Sie doch mal, Nivea chinesisch auszusprechen: „Ni Wei Ya"! Das klappt doch schon ganz gut. Übersetzt steht das für „Mädchen, die sich mit samtiger Haut anmutig bewegen". Und schon wissen Sie, was Chinesen unter Nivea noch verstehen.

Im Chinesischen gibt es für fast jeden Markennamen gute und schlechte Übersetzungen. Damit Sie nicht das Gegenteil einer gut gemeinten Reklame provozieren, sollte ihr Markenname von Personen überprüft werden, die mit allen Facetten der chinesischen Sprache, vor allem aber auch der Kultur vertraut sind.

Entscheidungen

> Der Edle tut gut daran, langsam im Reden,
> aber schnell im Handeln zu sein.
> (Konfuzius)

Man sollte sich von all der wertebezogenen Bescheidenheit und Zurückhaltung der Chinesen nicht täuschen lassen: Chinesen sind entscheidungsfähig. Zentral orientierte Organisationsformen auf allen Ebenen der Gesellschaft lassen keinen Zweifel darüber aufkommen, wer das Sagen hat: In der Schule der Lehrer; im Unternehmen der Chef; im Staat eine starke Regierung. Ein Vorteil dieser zentralen Organisationsstrukturen ist, dass tiefgreifende Entscheidungen sehr viel schneller umgesetzt werden können. Ist die westliche Wirtschaftsstruktur das Vorbild für die chinesische Regierung, so gilt das nicht für die westlichen Demokratien mit ihren häufigen Regierungswechseln und endlosen Diskussionen. Politische Orientierung geht schon eher in Richtung der Autokratie von Singapur mit einem der höchsten Pro-Kopf-Einkommen der Welt. Ein Diplomat drückt das so aus: „Wozu sollen wir denn alle paar Jahre die Regierung wechseln, nur um den Schein von Demokratie zu wahren? Es kommt doch nur darauf an, dass notwendige Entscheidungen schnell fallen. So war es immer in der chinesischen Tradition: Wenn der Herrscher gut regiert, muss man sich mit seinen Eigenarten abfinden" [52].
Für schnelle Entscheidungen gibt es einige Beispiele, deren Vor- und Nachteile konträr diskutiert werden. Der Bau des größten Staudamms der Welt, der den Gelben Fluss (Yangtse) zur Erzeugung von Wasserkraft nutzt mit einer Energiegewinnung (18.200 Megawatt), die beinahe acht Kernkraftwerken (KKW) der Größe des KKW Philippsburg (2.384 Megawatt) entspricht. Ein weiteres Beispiel ist der in Deutschland entwickelte Transrapid. Politiker in Deutschland können sich seit Jahrzehnten auf keinen sinnvollen Einsatz einigen. Immer von neuem wird diskutiert, ob und wo entsprechende Trassen gebaut werden sollen. Politiker in China entschieden sehr schnell über einen ersten Einsatz zwischen Shanghai Zentrum und Flughafen.

Emotionales Verhalten

> Bescheidenheit nützt uns,
> Hochmut schadet uns.
> (chin. Sprichwort)

Wenn Chinesen aus westlicher Sicht in vielen Situationen emotionsloser reagieren als erwartet, heißt das keinesfalls, dass sie Gefühle nicht genauso stark empfinden. Eine Erklärung für den scheinbar eher moderaten Ausdruck von Emotionen ist, dass die chinesische Kultur diesbezüglich strenge gesellschaftliche Regeln vorgibt. Schon während der Erziehung in der Kindheit wird den Chinesen beigebracht, den Ausdruck ihrer Emotionen unter Kontrolle zu halten. Es müssen verschiedene emotionale „Muster" angeeignet werden, um z. B. dem Harmoniestreben in der Familie und der Gesellschaft gerecht zu werden und in vielen Situationen bescheiden aufzutreten. Ein Chinese, der seine Gefühle offen zur Schau stellt, muss mit Missachtung in der Gesellschaft rechnen [4 / S. 41]. Laut Blackman ist es mit diesem Hintergrundwissen bei Verhandlungen sinnvoll, auf die Hände der Chinesen zu achten, die oft mehr verraten als ihre Gesichter [2 / S. 93].
In jüngster Zeit befassten sich anthropologische Forscher zunehmend mit dem Begriff „Emotion" als kulturelles Konstrukt [18

/ S. 26]. Kann man das emotionale Verhalten des Kommunikationspartners einer fremden Kultur nicht adäquat interpretieren, so ist das oftmals ein Hindernis für ein Näherkommen auf emotionaler Ebene bzw. steht gegenseitigem Verständnis im Wege. Der Ausdruck von menschlichen Grundgefühlen wie z. B. Ärger, Angst, Freude etc. ist in allen Kulturen weitgehend ähnlich. Charakteristische Unterschiede äußern sich bei Angehörigen verschiedener Kulturen vor allem in der Intensität (der Sichtbarkeit), der Dauer und der Häufigkeit, mit der Gefühle empfunden und zum Ausdruck gebracht werden [4 / S. 40f]. Eine Chinesin vergleicht die männlichen Chinesen mit einer Isolierkanne:

> *„... sie kann mit kaltem Wasser gefüllt sein, sie kann mit heißem Wasser gefüllt sein, aber wenn du die Hülle von außen anfasst, weißt du nicht, was drin ist. ... sie lassen dich nicht in ihr Inneres schauen." (w / C / 35J)*

Im totalen Kontrast dazu steht die Art und Weise, wie man z. B. in der lateinamerikanischen Gesellschaft Anerkennung erhält: Man stellt seine Überlegenheit zur Schau. Bei Männern spielt der „Machismo" eine Rolle, der – was den Ausdruck von Emotionen anbelangt – konträrer zu der oben beschriebenen chinesischen Einstellung nicht sein kann. „Von einem Macho wird Potenz erwartet, Tatendrang, auch ‚verbale Taten', Wagemut und vor allem totales Selbstbewusstsein. Er darf seine inneren Überzeugungen durch physische Kraft zum Ausdruck bringen ... oder aber durch Wortgewalt" [8 / S. 90f]. Bei einem Konflikt handgreiflich zu werden, richtet in China nicht reparierbaren Schaden an und kann schwerwiegende Folgen haben. Ein Kubaner hat zu spät erkannt, dass sein „Machismo-Verhalten" in einer speziellen Situation sein größter Fehler war, den er je in China beging. Vor diesem Hintergrund lässt sich das Unverständnis eines kubanischen Interviewpartners nachvollziehen, wenn er das emotionale Verhalten der Chinesen als „nicht existent" erlebt:

> *„Meistens erkennt man am Gesichtsausdruck ... was jemand denkt, aber nicht in China ...." (m / K / ca. 40J)*

Aus seiner Sicht scheinen Chinesen gefühllos zu sein, weil sie in bestimmten Situationen nicht so stark emotional reagieren, wie er das in seiner Heimat Kuba gewohnt ist. Eine deutsche Interviewte sieht das etwas differenzierter:

> *„Jeder ist in seiner Person oder Persönlichkeit anders. Da würde ich jetzt auch nicht sagen, dass Chinesen generell ruhiger sind und nicht explosiv. Also die können genauso gut laut werden und sich aufregen. Aber irgendwie habe ich halt das Gefühl, dass sie für sich viel besser herausfiltern können, was sozusagen in ihrer Macht liegt zu verändern; wo sich's lohnt, eine Änderung zu versuchen und wo sie es einfach hinnehmen müssen." (w / D / ca 28J)*

Auch im geschäftlichen Umfeld wird emotional kontrolliert gehandelt. Eine Deutsche bewundert ihre chinesische Vorgesetzte:

> *„... die auch in der turbulentesten und stressigsten Situation kühlen Kopf bewahrt und eine fast unbehagliche Ruhe und Gelassenheit ausstrahlt. Das grenzt schon beinahe an Gleichgültigkeit gegenüber ihrer Arbeit. Sie erledigt ihre Aufgaben einfach ‚cool'. Dabei wird die Handlungsfolge aus der Situation heraus bestimmt. Das ist der krasse Gegensatz zu meinem Auftreten."*

Und sie beschreibt ihre eigenen Gefühle:

> *„Ich fühle mich immer ganz nackt gegenüber meinen chinesischen Kollegen. Die können immer exakt meine Stimmungslage aus meinem Gesicht erkennen, z. B. wenn ich rot anlaufe. Das ist eigentlich ziemlich unfair, da schneide ich eindeutig schlechter ab." (w / D / ca. 26J)*

Welch ein Kontrast ist dieses Beispiel zu der Handlungsweise eines deutschen Vorgesetzten, von dem in ähnlichen Situationen auch ein kühler Kopf erwartet wird, bei dem man aber emotionales, leidenschaftliches Handeln akzeptiert. In manchen Situationen wird das sogar zur Betonung seines vollen Einsatzes erwartet. Deutsche werten eine nach außen dargestellte Gelassenheit des chinesischen Partners nicht selten als Gleichgültigkeit, bzw. man wirft ihm vor, den Ernst der Lage nicht zu erkennen. Man sollte sich aber z. B. bei Verhandlungen bewusst sein, dass chinesische Partner auf emotionales Verhalten, wie z. B. Hektik, Aktionismus und lautstarkes Argumentieren mit Unverständnis reagieren.

Beziehungen auf privater Ebene

> Wer Charakter hat, bleibt nie einsam;
> Immer findet er Freunde.
> (Konfuzius)

Die jahrhundertelange Prägung der chinesischen Gesellschaft durch den Konfuzianismus hat dazu geführt, dass viele zwischenmenschliche Beziehungen nach wie vor nach ganz anderen Regeln ablaufen als in anderen Ländern. Das ist oft besonders auffällig bei der Partnerwahl, wo der Wille der Eltern in China immer noch eine große Rolle spielt.

Viele Chinesen können es vor dem Hintergrund der westlichen sexuellen Aufklärung der 60er und 70er Jahre nicht akzeptieren, vor der Wahl des Lebenspartners verschiedene Beziehungen gehabt zu haben [15 / S. 57]. Im Verlauf eines Interviews drückt ein Kubaner sein Erstaunen über die chinesische Einstellung aus:

> *„In meinem Land betrachten wir es als Fehler, wenn man jungfräulich heiratet. Wenn du eine Digitalkamera kaufst, dann probierst du sie zuerst aus."* *(m / K / ca. 40J)*

Eine 28-jährige chinesische Kollegin einer deutschen Interviewten durfte ihren Freund nur zu sich nach Hause einladen, wenn die Mutter dabei war. Ein 23-jähriger chinesischer Kollege hatte noch nie eine Beziehung, da seine Mutter erwartete, dass er erst sein Studium beendet, Arbeitserfahrung sammelt und dann erst sexuelle Erfahrungen macht. Dazu die Meinung eines Kubaners:

> *„Zu Hause war es umgekehrt: Wenn man keine Freundin hat, kann man sich nicht konzentrieren. Man denkt dann die ganze Zeit daran, eine zu bekommen; man kann sich nicht auf das Lernen konzentrieren ..."* *(m / K / ca. 40J)*

Die Beispiele oben sind jedoch nicht die Regel. Insbesondere in den Großstädten ist bei der jungen Generation eine deutliche Trendwende erkennbar. Man „zeigt" inzwischen seine Emotionen bzw. seine Zusammengehörigkeit als Paar zunehmend auch in der Öffentlichkeit.

Außerdem fällt dem Besucher in China bisweilen auf, dass sich Menschen gleichen Geschlechts in der Öffentlichkeit berühren und umarmen, was als völlig O.K. gilt. Mädchen flanieren händchenhaltend über die Einkaufsstraßen; junge Männer sieht man in enger Umarmung vor Schaufenstern stehen. Eine Deutsche beschreibt, was sie dazu empfindet:

> *„Ich ertappte mich dabei, die Berührungen und das ständige Händchen halten meiner chinesischen Freundin als sehr unangenehm zu empfinden. Zwar wusste ich, dass es für sie ‚normal' war. Aber ich machte mir Gedanken, was sich die deutschen Passanten wohl dabei dachten."* *(w / D / ca. 26J)*

Wie bei so manchen anderen Punkten auch, ist es ebenso bei dieser Thematik anzuraten, dass sich hierzu deutsche Besucher den einen oder anderen Kommentar lieber verkneifen.

Höflichkeit

> Wer höflich ist, wird nicht verachtet. (Konfuzius)

Das Lächeln der Chinesen ist sprichwörtlich. Es zeugt von einer Grundstimmung der Heiterkeit und Zufriedenheit und ist ein ganz wesentliches Element der Höflichkeit. Man zeigt ein freundliches Gesicht, wenn man sich begegnet. Ein ausdrucksloses oder ernstes Gesicht fasst ein Chinese dagegen als Ablehnung seiner Person oder als Misstrauen ihm gegenüber auf. Einen solchen Gesichtsausdruck nimmt ein Chinese persönlich und stellt sich die Frage: „Was habe ich ihm getan"?

Ein chinesischer Gast oder Geschäftsmann betrachtet es als ein Zeichen von Höflichkeit, dass er offiziell begrüßt wird und dass sich jemand persönlich und aufmerksam um ihn kümmert. Stimmt der Rang des Betreuers mit dem des Gastes überein, dann ist das ein Zeichen von Respekt. Holt man ihn auf dem Flughafen ab, bringt ihn zum Hotel bzw. begleitet ihn von dort ins Büro oder zum Essen, so gibt ihm das ein Gefühl dafür, wie wichtig er ist. Wo und wann immer ein Gast ankommt, sollte man dafür Sorge tragen, dass er persönlich empfangen wird.

Als Mitarbeiterin einer deutschen Firma ist die chinesische Autorin mit den unterschiedlichen Höflichkeitsformen gut vertraut. Sie ist sich bewusst, dass sie die Mentalität beider Seiten gut kennt und sie muss sich deshalb rechtzeitig in die Perspektive der anderen hineinversetzen:

> Ich habe eine Delegation aus China begleitet und war dabei die einzige Frau. Nach 7 Jahren Aufenthalt in Deutschland war ich inzwischen an das hier praktizierte „Ladies first" gewöhnt und auch an die Art, wie Frauen zuvorkommend behandelt werden. Das sollte sich in dieser Gruppe urplötzlich ändern. Da das Wetter nicht gut war, bat mich der chinesische Ansprechpartner den Schirm für den chinesischen Leiter der Delegation zu halten. Der Weg vom Auto zur Firma war lang. Ich wollte die Beziehung zwischen den beiden Parteien nicht stören; deshalb hielt ich auf dem ganzen Weg den Schirm so, wie es von mir erwartet wurde.

Die Autorin weiß, dass Kollegen in Deutschland einer Frau auch im Berufsleben die Tür öffnen; sie weiß aber auch, dass sie dies in China bzw. von chinesischen Kollegen nicht erwarten darf. Man muss einfach die Mentalität kennen. Wer mit gemischten chinesisch-deutschen Gruppen zu tun hat, muss wissen, wann er umschalten muss, wann chinesisches oder wann deutsches Verhalten eingesetzt werden sollte. Respekt, Bescheidenheit und Neidlosigkeit sind weitere Elemente chinesischer Höflichkeit. Alter ist in China traditionell mit Weisheit und Würde verbunden; lange Lebenserfahrung verschafft Ansehen. Alter wird mit Erfahrung gleichgesetzt und nicht mit schwindender Dynamik. Eltern und Ältere werden mit Respekt behandelt. Einem jüngeren ausländischen Vorgesetzten ist unbedingt anzuraten, dass er mit älteren Mitarbeitern – ob chinesische oder deutsche, ist aus chinesischem Blickwinkel kein Unterschied – entsprechend sorgsam und respektvoll umgeht. Er könnte sonst sehr rasch sein Gesicht, d. h. seine Autorität verlieren. Man sollte auch den Neid seiner Mitmenschen nicht provozieren. Der Philosoph Zuangzhi rät zu folgender Lebensweisheit: „Gib vor, ein normaler Baum zu sein, denn wer von besonderem Holz ist, den fällt die Axt".

Viele kennen den deutschen Werbespot: „Mein Haus, meine Jacht, mein Rennpferd". Während auf Deutsche dieses Auftreten angeberisch wirkt, wäre ein chinesischer Geschäftsmann davon beeindruckt. Chinesen treten im privaten Bereich bescheiden auf, im Berufs- und Geschäftsleben stellen sie jedoch ihren materiellen Erfolg heraus. Der geschäftliche Maßstab ist nicht Bescheidenheit, sondern Reichtum und Wohlstand. Es ist deshalb angebracht, unbescheiden zu sein und seinen Reichtum zur Schau zu stellen: Man stattet sein Büro repräsentativ aus; man zeigt seine Uhr am Handgelenk mit dem weltweit bekannten

„Original Brand Name"; man steigt in einem renommierten internationalen Business-Hotel ab. Dies dient dem Aufbau und der Pflege des geschäftlichen Gesichts; die Deutschen würden sagen, es dient dem geschäftlichen Renommee. Deutsche geben sich in der Berufswelt eher materiell bescheiden. In Deutschland kann man einen Kleinwagen fahren, ohne dass jemand Rückschlüsse auf den geschäftlichen Erfolg zieht; in China wird dies eher als Misserfolg gewertet. Es wäre falsch, dies als materialistische Oberflächlichkeit abzutun. Falsche Zurückhaltung auf deutscher Seite führt nicht selten zu großen Enttäuschungen beim chinesischen Partner – so die Erfahrung der chinesischen Autorin – und ist einer chinesisch-deutschen Kooperation keineswegs förderlich. Durch das Zeigen von materiellem Wohlstand beweist ein deutscher Partner seine Fähigkeiten, seinen Reichtum, seinen Erfolg. Das sind für Chinesen wesentliche Bausteine, auf denen u. a. der gute Ruf einer Firma begründet ist. Chinesische Firmen legen viel Wert auf einen guten, internationalen Ruf und sehen es gerne, wenn er durch einen gewissen Wohlstand demonstriert wird. Deutsche sollten dieser Erwartung entsprechen: Im Alltag bescheiden aufzutreten ohne sich selbst zu verleugnen; im Geschäft selbstbewusst aufzutreten ohne großspurig und arrogant zu sein. Sowohl Chinesen als auch Deutsche überprüfen ihre Partner gründlich. Jedoch werden zur Bewertung unterschiedliche Kriterien herangezogen. Während sich beide Seiten an Zahlen und Fakten des Partnerunternehmens orientieren, spielt auf chinesischer Seite das Image des zukünftigen Geschäftspartners eine wichtige Rolle. Deshalb sollte man sich entsprechend verhalten und sich bewusst machen, dass der eigene Auftritt enorm zum Aufbau oder zum Schaden des eigenen Image beiträgt. Die chinesische Autorin rät:

> Deutsche sollten ein gewisses Maß an materiellem Wohlstand vorzeigen, um den chinesischen Partner von sich zu überzeugen. Das heißt nicht, dass man angeberisch und großspurig im Sinn des oben angeführten Werbespots auftritt. Aber bei einem Geschäftstreffen fängt das bereits mit dem „guten Anzug" an.

Übermäßig selbstbewussten, arroganten, besserwisserischen Ausländern begegnet ein Chinese jedoch mit Skepsis. Man sollte auch den Rat eines UdM beherzigen :

> *„...wir kommen immer mit erhobener Nase dahin und wollen diesen ‚unterentwickelten' Chinesen zeigen, was Kultur ist und wie man Geschäfte macht. Damit müssen wir sehr sehr vorsichtig sein. Erstens: Ihre Kultur ist viel älter. Zweitens: Es gibt diese Extreme. Dort gibt es ein Atriumgebäude mit 270 m Durchmesser, mit 280 Startup Firmen. So und jetzt kommen die Deutschen hin und sagen: Wir erklären euch jetzt mal wie ein Computer funktioniert, wie man die Software entwickelt.... Mein Gott, die haben die leistungsfähigsten Computer der Welt. Warum? Irgendjemand ...hat vor Jahren in China gesagt: Leute, wir müssen jetzt Arbeitsplätze schaffen ... ja, also im IT-Bereich wär nicht schlecht. Ja, was müssen wir da tun? Da müssen wir den Jungen hier die Möglichkeit bieten zu forschen, zu entwickeln, die ersten Schritte zu machen. Da nehmen wir mal hier so 100 Quadratkilometer und da bauen wir mal hier dieses Gebäude, da haben so gut 300 Firmen drin Platz. Dann installieren wir an 4 Stellen Riesen-Computer mit Riesenkapazitäten, damit die Simulationen fahren können: Wo andere dann Monate dafür brauchen, das haben die dann in einer halben Stunde durch. Und wenn die dann die nächsten Schritte tun, vom Startup in die Produktion, dann bieten wir nebenan noch etwas. Und jetzt ist dort ein riesiges Fertigungszentrum entstanden."*
>
> *(m / D / ca. 50J)*

Besteht zwischen Menschen eine persönliche Beziehung, dann grüßt man sich mit „Ni hao". Oft folgt auch gleich noch eine kleine Frage, wie z. B. „Hast Du abgenommen?", die nichts als Interesse, Anteilnahme, Respekt ausdrücken soll. Es wird nicht unbedingt eine Antwort erwartet (siehe auch „Geschäftsessen"). Hingegen ist es unüblich, Fremde zu grüßen, wie die folgende Anekdote zeigt:

> Ein Kubaner grüßte in der Öffentlichkeit (beim Einkaufen, bei Behörden, etc.) immer mit „Ni hao" (Guten Tag). Diesen Gruß, den er selbst als höflich und angebracht empfand, wiederholte er bei jedem Zusammentreffen so lange, bis er irgendeine Erwiderung (akustischer oder visueller Art) der Gegenseite erhielt. *(w / D / ca. 25J)*

In Kuba ist es selbstverständlich, Fremde auf der Strasse zu grüßen. Der Kubaner wusste nicht, dass in China der Gruß i. Allg. nicht erwidert wird, vor allem wenn keine direkte persönliche Beziehung besteht [22 / S. 127f]. Seine Erwartung veranlasste ihn zu einer falschen Interpretation. Er wertete das Verhalten der Chinesen solange als unhöflich, bis ihn jemand über dieses unterschiedliche Verhalten aufklärte. Ein Chinese ist verdutzt, wenn er von Unbekannten gegrüßt wird und befürchtet, „der will etwas von mir". Deutsche, vor allem aber Kubaner, fühlen sich dagegen ignoriert. Das Beispiel verdeutlicht erneut, wie Prozesse des gegenseitigen Annäherns oft zwangsläufig zu stereotypen Klischees führen können [26 / S. 74].

Jede Münze hat zwei Seiten, so auch stereotype Klischees, die an der Realität meist vorbeigehen: Was für den Deutschen als (a) Pünktlichkeit, (b) Fleiß, (c) Ehrlichkeit und (d) Zuverlässigkeit gilt, kann von einem Fremden als (a) inflexibel/ungeduldig, (b) humorlos/arbeitsfixiert, (c) aggressiv/undiplomatisch oder (d) arrogant/rechthaberisch wahrgenommen werden. Was für den Chinesen als (e) loyal, (f) bescheiden, (g) respektvoll und (h) harmonisch gilt, kommt einem Fremden eventuell als (e) Vetternwirtschaft, (f) Vorsichtigkeit/Unsicherheit, (g) Unselbständigkeit und (h) Mutlosigkeit/fehlende Kritikfähigkeit vor.

In Deutschland ist es unhöflich, bei privaten Verabredungen oder Einladungen nach Hause zu früh zu kommen. Man hält den verabredeten Zeitpunkt pünktlich ein oder kommt aus Höflichkeit geringfügig später. In China erstreckt sich die Einladung eher auf eine Zeitspanne; deshalb ist es nicht unhöflich, sowohl später als auch früher zu erscheinen.

Was die Arbeitszeit anbelangt, neigen Chinesen dazu, privat und geschäftlich nicht zu trennen. Wundern Sie sich deshalb nicht, wenn Ihr Arbeitskollege am Sonntagvormittag vor Ihrer Tür steht, um mit Ihnen Deutsch lernen zu wollen. Überlegen Sie sich im Voraus, wie Sie in so einer Situation – wenn Sie gerade mit Ihrer Familie Ihr Sonntagsfrühstück genießen – reagieren würden. Sind Sie sich dessen bewusst, dass diese „Mehrarbeit" von Ihnen erwartet wird aus persönlicher Höflichkeit und Respekt. Eine der deutschen Interviewten schildert eine ähnliche Erfahrung:

> „Für seine chinesischen Kollegen regelt man schon mal auch am Wochenende oder vor bzw. nach der Arbeit private Dinge und unterstützt auch gerne schon wegen der mangelnden Sprachkenntnisse." (w / D / ca. 26J)

Unterlassen Sie unbedingt, jemanden mit dem Zeigefinger herzuwinken, was in Deutschland zwischen Vorgesetzten und Mitarbeitern nicht unüblich ist. In China nähert man sich jemand so weit, bis die Aufmerksamkeit der gewünschten Person hergestellt ist: Dann spricht man die gewünschte Person an bzw. bittet sie zu kommen. Wenn ein Deutscher die folgenden Situationen als unhöflich erlebt, dann ist es aus chinesischer Sicht nicht so gemeint:

> *„Die haben dann immer auch nicht den Mut zu sagen, bitte wiederhole das mal bzw. das habe ich nicht verstanden. Da wird einfach ‚Ja' gesagt. Das war aber gar kein ‚Ja', denn eigentlich war die Frage gar nicht klar. Oder man merkt immer schon, die reden eigentlich aneinander vorbei oder derjenige kann gar nicht folgen. Und dann wird das Gespräch gar nicht*

zu Ende gebracht.... Da wird dann aus dem offenen Gespräch geflüchtet und wird ne andere Sache angefangen. Ja, der rennt einfach weg aus dem Gespräch." (w / D / ca. 28J)

Es gibt verschiedenste Gründe für dieses „Fluchtverhalten". Auf der einen Seite ist es natürlich anstrengend, sich in einer fremden Sprache zu unterhalten. Andererseits bringt der Chinese durch das Eingeständnis, etwas nicht verstanden zu haben, sowohl sich als auch den Gesprächspartner in Verlegenheit: Er will sich nicht die Blöße geben, dass er das Problem nicht verstanden hat, und den Partner will er nicht vor den Kopf stoßen, etwas schlecht erklärt zu haben. Als Ausländer kann man einem Chinesen zumindest ein wenig entgegenkommen, so die Erfahrung der deutschen Autorin:

> Ich entschuldige mich oftmals dafür, dass ich mich so ungeschickt ausgedrückt habe und etwas schlecht erklärt habe. Oder dass es an meinen schlechten Chinesischkenntnissen liegt, dass ich mich nicht genügend verständlich machen konnte.

Eine Chinesin erzählt, wie sie auf Umwegen, aber mit Höflichkeit an ihr Ziel gelangt:

> Eine chinesische Praktikantin recherchiert für ihre chinesische Chefin zu einem Thema in Deutschland. Die von ihr abgelieferte Information war unbrauchbar. Dennoch teilt die Chefin der Praktikantin mit, dass die Informationsbeschaffung gut und nützlich war. Sie wollte dadurch das Gesicht ihrer Mitarbeiterin wahren. Um ihr Ziel dennoch zu erreichen, gibt sie einen neuen Auftrag an dieselbe Mitarbeiterin und beschreibt noch genauer, was sie will. (w / C / ca. 30J)

Respektvoller Umgang ist in der chinesischen Arbeitswelt sehr wichtig. Vermeiden Sie in so einem Fall gegenüber chinesischen Mitarbeitern eine direkte Konfrontation, nach dem Motto: „Warum hast Du nicht herausgefunden, was ich Dir in Auftrag gab?"

Da bei den anderen Themen der Aspekt „Höflichkeit" immer wieder angesprochen wird, sollen diese wenigen Beispiele genügen.

Zeitmanagement

> Hast du es eilig, so mache einen Umweg. (Zen-Weisheit)

Aus dem Blickwinkel der Befragten ist eine differenzierte Umgangsweise mit der Ressource „Zeit" festzustellen, wie z. B. bei Terminplanung und -einhaltung, Pünktlichkeit, kurzfristigen Absagen usw. Schroll-Machl beschreibt die Deutschen tendenziell als Angehörige einer Kultur, die genau festgelegte Zeitpläne haben, um ihre Ziele zu erreichen [29 / S. 117]. Zeitmanagement wird in deutschen Augen als Voraussetzung für effizientes Handeln gesehen. Gut geplant ist ein Zeichen für Professionalität. Eine Deutsche gibt an, dass es aus chinesischem Blickwinkel

> *„... sehr deutsch ist, im Voraus zu planen." (w / D / ca. 30J)*

Deutsche betrachten u. a. eine sorgfältige Planung und dessen minutiöse zeitliche Umsetzung als ein Erfolgsrezept. Alles Denkbare und Vorhersehbare wird in einem sachbezogenen Plan festgehalten. Die Zeitachse wird in Schritte unterteilt (Meilensteine), um die Zielerreichung überschaubar und kontrollierbar zu machen und während der Umsetzung keinen Stress aufkommen zu lassen [29 / S. 119]. Nur bei absolut wichtig erscheinenden bzw. unvorhergesehenen Ereignissen wird eine Abweichung vom geplanten Zeitablauf akzeptiert und dann nur sehr zögernd. In China hingegen wird zunächst Wert auf den Aufbau und die Pflege persönlicher Beziehungen gelegt. Unterbrechungen des Arbeitsablaufs durch Mitarbeiter werden als Chance zur Beziehungspflege und nicht als Störung empfunden [15 / S. 69]. Einige der Befragten erkennen Unterschiede in den Arbeitsabläufen:

„... dass hier in China die Dinge viel später angefangen werden. Prioritätensetzung: Was ist wichtig, was ist unwichtig, was ist anders; ja und der Zeitplan ist anders." (w / D / ca. 30J)

„Es ist sehr kurzfristiges Denken und das ist vielleicht auch ein Punkt. Das ist ein Unterschied. Wir denken langfristig, die Chinesen denken kurzfristig. In jedem Schritt immer nur bis hier und nicht um die Ecke, und wenn das nächste Problem kommt, dann wird das Problem behandelt, und wenn das nächste Problem kommt, dann wird das wieder behandelt." (w / D / ca. 30J)

„Auf der anderen Seite werden immer kurzfristig irgendwelche Ziele gegeben, denen man dann blind hinterher hechtet; ...die gar nicht in einem größeren Kontext stehen. Also man versteht gar nicht, warum das jetzt auf einmal so wichtig ist ... also das und das muss jetzt noch erreicht werden und dann muss das jetzt auch gemacht werden, egal wie." (w / D / ca. 28J)

Ein Interviewter gibt an, dass die Lieferzeit in China *„grundsätzlich spontaner"* erfolgt. Lieferverzug bezüglich eines vereinbarten Zeitpunktes kann aus deutscher Sicht schnell zu einem negativen Image (Unzuverlässigkeit) und zu Problemen im gesamten Handlungsablauf (im Prozess) führen [29 / S. 124f], vor allem wenn man gewohnt ist, in Kategorien wie „Just-in-Time" zu denken. Eine chinesische Befragte achtet mehr auf Pünktlichkeit, nachdem sie ihren deutschen Chef durch eine Verspätung von wenigen Minuten zu einer Besprechung verärgert hatte. Auch der Planungsablauf und die Planverfolgung eines Projektes verlaufen aus ihrer Sicht anders als in China:

„Deutsche brauchen oft Genehmigungen aus ihrem Heimatland. Das kostet Zeit, aber sie verschwenden keine Zeit. Bei einigen Chinesen gibt es keinen großen Zeitdruck, es wird verschoben und verschoben. Also ohne einen gewissen Druck {vom Management} gibt es auch keine Verbesserung." (w / C / ca. 55J)

Die Chinesin erkennt ein Defizit an Optimierungswillen auf chinesischer Seite, das durch zu große Bereitschaft entsteht, zeitlich flexibel zu sein. Zeitpläne werden sehr großzügig ausgelegt. Ein anderer Chinese gibt an, dass es oft schwierig ist, den Forderungen einer deutschen „Planung im Voraus" gerecht zu werden:

Eine deutsche Professorin wollte bereits im Mai ihren Stundenplan für eine im Herbst geplante Kurzzeitprofessur in China haben. An der chinesischen Universität wird der Stundenplan jedoch erst Ende des laufenden Semesters für das Folgesemester festgelegt. Im Mai war es bis Semesterende „noch weit" und es waren noch viele andere, kurzfristig notwendige Änderungen des aktuellen Unterrichtsplans vorzunehmen. Die Erfahrung des Chinesen:

„... die Deutschen verlangen, dass man das vorher schon festgelegt hat und ... dann muss man sich auch daran halten. Aber die Chinesen halten sich meist nicht an den Plan. Sie ändern oft, wenn sie meinen, die Situation sei jetzt doch etwas anders geworden ... und die Deutschen sind sehr verärgert ... da gibt es oft Konflikte ...." (m / C / ca. 50J)

Dieses Beispiel bringt die aus chinesischer Sicht zu hohe (zeitliche) Inflexibilität der Deutschen gegenüber Unerwartetem, nicht Eingeplantem, zum Ausdruck. Der Chinese fährt fort:

„... bei uns gibt es viel Improvisation, viel Flexibilität ...."

Der folgende Erlebnisbericht einer Deutschen bei einem Praktikum in China bestätigt diese Feststellungen:

„Für die Organisation einer Fernsehshow war ich u. a. für die Betreuung der ausländischen Gäste zuständig. Einen großen Teil der Arbeit

verbrachte ich damit, den Europäern zu vermitteln, dass bereits terminierte Abmachungen nicht eingehalten würden, da man sich auf chinesischer Seite noch nicht endgültig entschieden hatte. Zum Beispiel schickte ich ein Ablaufprogramm für ihren Aufenthalt. Kurz nach Absendung stellte ich erstaunt fest, dass die Chinesen sich wieder über völlig andere Abläufe unterhielten. Erst wenige Stunden vor der eigentlichen Show bekamen die eingeladenen, internationalen Prominenten, für die einige der Europäer verantwortlich waren, ihren vorgeschriebenen Text. Da sich dies im Jahr zuvor genauso abspielte, waren sie sehr verärgert. Trotz mehrfacher Bitten gelang es ihnen auch diesmal nicht, die Informationen früher zu erhalten. Ich war zwar bei der chinesischen Firma angestellt, brachte aber großes Verständnis für die andere Seite auf. Dem Vorbereitungsteam war es nicht möglich, wie geplant die Show zu verfolgen. Auch während der Show musste ständig improvisiert werden. Trotzdem wurde die Show ein Erfolg. Mit etwas mehr Planung hätte jedoch viel Stress und Ärger für alle Beteiligten verhindert werden können." (w / D / ca. 25J)

Die Einhaltung von Plänen und genau festgelegten Terminen sowohl bei der Arbeit als auch im privaten Bereich muss von chinesischer Seite notwendigerweise als Inflexibilität wahrgenommen werden. Dazu ein weiteres Erlebnis:

„Ich rief heute einen deutschen Mitarbeiter an und bat ihn, zwei Stunden früher zur Arbeit zu kommen. Er sagte gleich, das ginge schlecht. Als ich ihn fragte, ob er schon was vorhatte, verneinte er dies. Ich verstand nicht, warum er nicht früher kommen wollte, wenn er doch sowieso nichts vorhatte!" (m / C / ca.35J)

Nach Hall [11] wird in monochrone bzw. polychrone Kulturen unterschieden. Erstere stellt hohe Anforderungen an Personen und an die gesamten gesellschaftlichen Systeme bezüglich ihrer Planungsfähigkeit und Zuverlässigkeit. Die verstreichende Zeit wird dabei als lineare Achse gesehen, auf der geplante Handlungen als Sequenz erledigt werden. Hingegen stellen Kulturen mit polychroner Zeitauffassung entsprechend hohe Anforderungen an zeitliche und individuelle Flexibilität [19 / S. 63]. Ereignisse lässt man auf sich zukommen. Sie werden nach Bedarf bzw. auf Anforderung bzw. dort bedient, wo der Handlungsdruck sehr hoch ist. Hier ein weiterer Erlebnisbericht einer Deutschen in einem chinesischen Unternehmen und der Versuch einer Erklärung, wie es dazu kommen konnte:

„Bei der Einführung eines neuen Software-Systems stellte sich heraus, dass ganz offensichtlich technische Randkriterien nicht beachtet wurden. Bei der Inbetriebnahme kam dann ein Mangel nach dem anderen zum Vorschein. Der Arbeitsablauf war blockiert. Von den Mitarbeitern waren höchste Konzentration, Flexibilität und Einsatz bis an die Grenze des Möglichen gefordert, um das Chaos vor den Kunden so gut es ging zu verbergen." (w / D / ca. 25J)

Die wahrscheinlichen Ursachen waren, dass man (i) die Planungsphase grundsätzlich für nicht so bedeutend hielt und (ii) während der Spezifikationsphase aus falscher Zurückhaltung und Bescheidenheit die technischen Voraussetzungen und Randkriterien nicht hinterfragte. Aus chinesischer Sicht war dies eine ganz „normale", am Ende gelungene Inbetriebnahme: Man setzt den Fokus auf eine schnellstmögliche pragmatische Einführung. Dabei sind Improvisation und höchster Einsatz der beteiligten Personen gefordert. Aus deutscher Sicht grenzt der den Mitarbeitern so abverlangte Arbeitseinsatz ans Übermenschliche. Eine solche Vorgehensweise wird als im höchsten Grad unprofessionell eingestuft und gilt als „Fehlplanung". Eine gründliche, vorausschauende, und natürlich länger dauernde Planung sowie das Abwägen aller Eventualitäten im Voraus hätte mit Sicherheit die Inbetriebnahmedauer verkürzt. Ganz ohne Zweifel vermeidet eine sorgfältige Planung eine chaotische Einführung und schont die Nerven der

Mitarbeiter. Allerdings muss man auch einräumen, dass die deutsche Planungsmentalität an ihre Grenzen stößt, wenn sie zu perfektionistisch ausgerichtet ist. Ein Beispiel hierfür wären sicherlich die extremen Verzögerungen bei der Einführung des Mautsystems.

Bond [24 / S. 50] ist der Auffassung, dass sich trotz der voranschreitenden Industrialisierung in China an der polychron orientierten Zeitauffassung der Chinesen nicht viel ändern wird. Das sehen wir anders: Vor allem wegen der zunehmenden industriellen Produktion und des „Weges in die Moderne" werden sich Chinesen immer mehr von der heute polychron orientierten Zeitauffassung verabschieden. Der Trend in eine monochrone Richtung kann z. B. am mittlerweile sehr gut funktionierenden öffentlichen Verkehrswesen in den chinesischen Großstädten demonstriert werden. Wie überall werden im Verkehrsnetz bei Bahn und Bus sehr große Anforderungen bezüglich der Einhaltung festgelegter Zeitpläne erfolgreich umgesetzt.

Das veränderte Zeitverhalten betrifft auch das Privatleben. Zum privaten Besuchsverhalten stellt ein interviewter Chinese eine deutliche Veränderung bei den Stadtbewohnern fest:

> *„In den Städten meldet man sich bei spontanen Besuchen schon mal vorher an, im Gegensatz zu früher. Auf dem Land wird dies auch heute noch nicht als nötig erachtet."*
> *(m / C / ca. 50J)*

Sicher hat die Verfügbarkeit von Telefon und Mobiltelefon diese Verhaltensänderung stark beeinflusst. Früher besuchte man sich gezwungenermaßen ohne Voranmeldung und wurde herzlich zum gemeinsamen Essen aufgefordert. In Kuba ist es üblich, bei Freunden und Bekannten spontane Besuche abzustatten. Ein vorheriges Anmelden – so ein Kubaner – bringe eine Distanz zum Ausdruck in dem Sinn, dass man sich nicht allzu gut kenne.

Im Vergleich zu Chinesen tendieren Kubaner zu einer noch ausgeprägteren polychronen Zeitauffassung. Ein Deutscher, der zuvor in verschiedenen Ländern Lateinamerikas arbeitete, meint dazu:

> *„Also was Terminabsprachen anbelangt, sind die Chinesen bestimmt hundertmal verlässlicher als unsere Latinos. Wenn du mit einem Latino einen Termin machst, dann ist es ja fast unhöflich, pünktlich zu sein, und hier ist es doch so, dass Chinesen relativ zeitnah zu Terminen erscheinen."* *(m / D / ca. 45J)*

Ein Chinese, der längere Zeit in Lateinamerika lebte und Geschäfte in Kuba tätigt, versucht, eine Begründung für dieses Verhalten zu geben:

> *„... ich würde sagen, dass Südamerikaner und Leute aus der Karibik für das Heute leben und nicht für das Morgen."* *(m / C / ca. 45J)*

Kubaner, so scheint es, planen ihre Vorhaben sehr vage – sofern man überhaupt von Planung sprechen kann. Sie gehen in ihren Handlungen deutlich situativ vor: Man lässt Dinge auf sich zukommen. Auf wichtig erscheinende Notwendigkeiten wird adaptiv im „Hier und Jetzt" reagiert [29 / S. 117]. Ein Kubaner vergleicht die Handlungsweise seiner Landsleute mit einem Baseballspiel, das in letzter Minute entschieden wird. Auch der folgende Vergleich unterstreicht das situative Reagieren:

> *„ ... wir boarden das Flugzeug beim Schließen der Türen ... wir erledigen alles im letzten Moment, wirklich alles ...."* *(m / K / ca. 40J)*

In folgenden Beispielen wird das zeitliche Verhalten seiner Landsleute sogar einem seit längerer Zeit in China lebenden Kubaner peinlich:

> *„...in 4 Tagen kommen sie {die Kubaner} in China an. Und dann verstehen sie nicht, warum es nicht gelingt, all die Interviews zu vereinbaren. Wir machen alles im letzten Moment. Es ist einfach unmöglich, in Kuba je-*

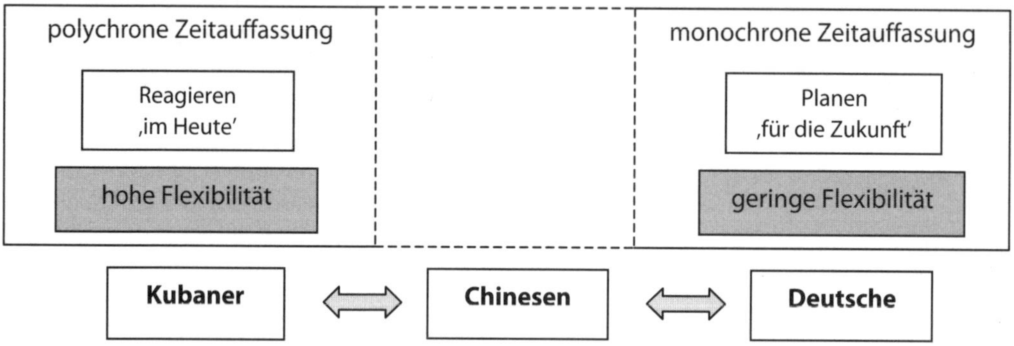

Abbildung 2: Interpretation der unterschiedlichen Auffassungen zum Faktor „Zeit".

manden zu finden, der 2 Wochen im Voraus darüber Info gibt, was sie tun wollen. …"

„Wir {Kubaner} wollten auf eine Tourismusmesse. Die sollte in 2 Tagen beginnen und wir hatten noch immer nicht die Standgebühr bezahlt. Und ich wusste, dass wir bezahlen werden, ich wusste, dass das Geld kommen würde … Ich weiß einfach nicht, warum wir immer so spät dran sind. Wir verbringen die meiste Zeit damit, unsere Partner zu bitten, noch etwas Geduld zu haben."

„Zu diesem Wettbewerb kommt unser Sportteam. Wir sagen zu den Chinesen ‚ihr braucht keine Bedenken zu haben'. Die Chinesen sagen zu uns: ‚Aber versteht doch, alle Teams haben uns bereits eine Liste mit Namen gegeben, wir müssen doch die Buchungen festlegen'. Und die schicken uns aus Havanna einfach keine Liste, wobei wir wissen, die haben die noch nicht. Denn sie fordern uns auf: ‚Sag ihnen {den Chinesen}, wir werden teilnehmen.' … Es ist verrückt, es macht dich wahnsinnig."

(m / K / ca. 40J)

Die vergleichende Betrachtung aus dem Blickwinkel dreier Kulturen zeigt, dass es bei der Zusammenarbeit entscheidend ist, wer miteinander kooperiert. Die Rollen können sich ändern: Deutsche haben im Vergleich zu Chinesen und Kubanern ein stark ausgeprägtes Zeitbewusstsein. Das heißt, aus Sicht der Deutschen ist China eine eher polychron geprägte Kultur. Aus kubanischer Sicht ist China jedoch eher monochron geprägt (siehe Abb. 2). Es wird deutlich, dass sich China in einer Mittelstellung befindet. Deshalb ist es immer wichtig, den übergeordneten Zusammenhang zu betrachten. Diese elementare Erkenntnis lässt sich auch auf andere Kulturen übertragen.

Verhalten und Benehmen

Wer als Gesandter in fernen Ländern
seines Fürsten Aufträgen keine Schande macht,
der kann ein wahrer Ritter des Weges genannt werden.
(Konfuzius)

Jede Kultur hat eigene Benimm- und Verhaltensregeln, die aus dem Blickwinkel einer anderen Kultur sehr befremdlich, ja anstößig gelten können. Chinesen sind anders erzogen und benehmen sich deshalb einfach anders als Deutsche. Das hat nichts mit schlechter Erziehung zu tun. Europäische Hotelbetreiber und Reiseführer legen westliche Maßstäbe an und beklagen sich über die Verhaltensweisen chinesischer Touristen. Immer öfter findet man in Hotels chinesische Schriftzeichen, die ihre Gäste auf westliche Gepflogenheiten hinweisen. Nicht nur außerhalb Asiens, auch in Singapur fallen chinesische Touristen durch ihr für diese Länder ungewohntes Benehmen auf. Medien wie Xinhua machen die Bevölkerung intensiv auf die im Westen als rüde wahrgenommenen

Umgangsformen aufmerksam, wie z. B. Drängeln dort, wo sich üblicherweise Warteschlangen bilden. Diese Hinweise der Medien zeigen Wirkung. Chinesische Regierungskreise denken sogar über kurzfristige Maßnahmen nach, z. B. über ein Ausreiseverbot, das für „auffällig gewordene Reisende" ausgesprochen werden kann. Immerhin waren in 2005 über 30 Mio. Chinesen weltweit als Touristen auf Reisen.
China hat sich zu einem Top-Reiseland entwickelt. Deshalb sollen Angestellte staatlicher Unternehmen und Regierungsbeamte ihr Land würdig vertreten. Die chinesische Regierung hat große Bedenken, dass sich Touristen in China durch völlig ungewohntes chinesisches Verhalten belästigt fühlen könnten. Vor allem möchte man, dass sich Besucher und Teilnehmer der Olympiade 2008 in Beijing und bei der Weltausstellung 2010 in Shanghai wohl fühlen. Man möchte auch unbedingt zu diesem Thema eine negative Berichterstattung um die ganze Welt verhindern. Dies sind die Hintergründe, weshalb die chinesische Regierung einen Knigge für gutes Verhalten und Benehmen herausbrachte. Erstaunlicherweise versucht sich China völlig einseitig der westlichen Kultur anzupassen, was bei einer Bevölkerung von 1,3 Milliarden ja nicht selbstverständlich ist (siehe auch „Anpassungsverhalten"). „Der Verhaltens-Knigge soll vermitteln, dass im Ausland andere Regeln gelten. Chinesische Reisende sollen im Ausland der zunehmenden wirtschaftlichen Stärke und der international wachsenden Rolle Chinas durch unauffälliges Verhalten gerecht werden" [51]. Durch ein nationales „Bildungsprogramm für gutes Benehmen" werden nicht nur Reisende, sondern die ganze chinesische Bevölkerung auf typisch chinesisches Verhalten aufmerksam gemacht, das Fremde als unüblich oder störend empfinden. „In einigen Provinzen wird das Erziehungsprogramm bereits erprobt. Die Teilnehmer werden in Workshops mit westlichen Umgangsformen konfrontiert; auf diese Weise soll Verständnis für kulturelle Unterschiede bei den Chinesen geweckt werden" [54]. Dieses Programm wird auf ganz China ausgedehnt. Professor Ge Chenhong von der Renmin Universität in Beijing erklärt dazu, der rasante wirtschaftliche Aufschwung habe das alte Denken zerstört. Die früheren sozialistischen Alltagsregeln seien nicht mehr gültig – neue ethische Verhaltensstandards noch nicht vorhanden. Das Lernen der Etikette hinke der wirtschaftlichen Entwicklung in China hinterher. Es wird interessant sein zu beobachten, ob und in welchem Tempo die Chinesen ihr Verhalten entsprechend anpassen.

Kulturschock

> Flüsse und Berge kann man
> verändern,
> aber nicht den Menschen.
> (chin. Sprichwort)

Von Ausnahmen abgesehen kennt jeder, der ein Land zum ersten Mal besucht, die anfänglich völlig verblendete Begeisterung. Man nimmt nur die Sonnenseiten des Lebens in der Fremde wahr. Bei einem kurzen Aufenthalt von zwei bis vier Wochen (z. B. als Tourist) lernt man meist nichts anderes kennen und findet alles einfach „besser" und „wunderschön". Bei längerem Aufenthalt wird dann all das erfrischend Neue und unbekannte Fremde zunehmend zur Gewohnheit. Die Realität des Alltags wird unmerklich immer stärker wahrgenommen. Man beginnt von den Hauptrouten abzuweichen und entdeckt z. B. hinter den glitzernden Wolkenkratzern in den Großstädten bzw. auf dem Land zwischen den Großstädten noch die alten Gassen und einfachen Lehmhäuser, in denen ein großer Teil der chinesischen Bevölkerung nach wie vor sehr einfach lebt. Man lernt im fremden Unternehmen die Arbeitsweise und den Arbeitsablauf kennen und stellt fest, dass vieles „anders" ist und anders gemacht wird. Man kann damit nicht so richtig umgehen und kommt mit den einfachsten Alltagssituationen nicht mehr klar. Die Sprache fehlt bzw. man beherrscht sie nur unzulänglich und man kann sich mit niemandem tiefgründig austauschen. Kurz gesagt, man steuert unausweichlich auf das zu, was allgemein als Kulturschock bezeichnet wird.

Der Begriff „Kulturschock" hat sich in den letzten 30 Jahren zu einem festen Vokabular eines jeden, der Kontakt mit einer fremden Kultur hat, manifestiert. Er scheint für (fast) jeden auch eine unausweichliche Erfahrung zu sein. Im weitesten Sinn beschreibt er jede physische oder emotionale Verwirrung, die beim Menschen in der Fremde durch die Konfrontation bzw. mit der Anpassung an eine neue Umgebung hervorgerufen wird. Unter Kulturschock wird die Summe aller Reaktionen von jemandem zusammengefasst, der die Sicherheit des ihm Vertrauten verloren hat [44 / S. 91]. Auch kann von einem Erschrecken vor einer fremden, andersartigen Kultur gesprochen werden, was durch eine Überforderung angesichts der fremdartigen Eindrücke hervorgerufen wird [45]. G. R. Weaver macht drei Hauptgründe für die Entstehung eines Kulturschocks aus: Den Verlust gewohnter Symbole, Regeln und Verhaltensweisen; den Zusammenbruch zwischenmenschlicher Kommunikation und die Identitätskrise [46 / S. 139]. Jedem, der im Ausland tätig ist, fallen kleine „Schockerlebnisse" ein. Einer der Interviewten bemerkt:

> *„…{in China} kann ich mich an alles gewöhnen, nur nicht an das Spucken oder das laut hörbare Rotzen {Hochziehen des Nasenflusses}."* *(w / D / ca. 25J)*

Betrachtet man dieses Verhalten mit chinesischen Augen, dann wird dies als Körperreinigung oder Reinhaltung gewertet. In Deutschland denkt man sich nichts dabei, wenn man in ein Taschentuch schnäuzt und dieses dann womöglich noch in die Hosentasche steckt. Das ist für Chinesen eine ähnlich Ekel erregende Vorstellung. Von beiden Seiten betrachtet kann man zumindest ein Basisverständnis für den anderen aufbringen.

Weitere, erste fremdartige – um nicht zu sagen befremdliche – Eindrücke von Studenten [47], Interviewpartnern und mittelständischen Unternehmern sind hier ganz zwanglos gelistet: Die Menschenmassen gaben das Gefühl, keine Privatsphäre zu haben. Der Lärm wurde als störend empfunden und ließ Angst aufkommen, keine Ruhe zu finden, z. B. in der Metropole Shanghai. Das Sprachproblem gestaltete sich als Haupthürde, welches in den ersten Tagen und Wochen bei den Betroffenen starke Gefühle der Hilflosigkeit und Unsicherheit auslöste. Unangenehm fielen aus westlichem Blickwinkel auch auf: Das Gedränge in der U-Bahn; das Spucken und der Schmutz auf den Strassen; die zu deutschen Sitten und Regeln oft konträre Tisch- und Esskultur; ein unorganisiertes und ungeordnetes Miteinander; der relativ „ungeregelte" Straßenverkehr; unangenehme Gerüche; das gewöhnungsbedürftige Essen usw. Als unangenehm empfunden wurden auch die schon in den ersten Stunden einer Begegnung gestellten direkten Fragen der Chinesen nach dem Verdienst und der finanziellen Situation der deutschen Eltern, solange man darauf nicht vorbereitet war und keine adäquat ausweichende Antwort bereit hatte (siehe „Kommunikation mittels Dolmetscher").

Einem Chinesen in Deutschland fällt unangenehm auf, wenn jemand beim Eisschlecken die Zunge zeigt; oder wenn jemand in einem Cafe beim Umblättern der Zeitung die Finger befeuchtet; oder das Tragen von Socken in offenen Schuhen; oder der penetrante Körpergeruch der Fahrgäste in Bus und Bahn; das laute Nase Schnäuzen während einer Besprechung usw.

„Andere Länder, andere Sitten" heißt das Sprichwort. Mit der Zeit gewöhnt man sich meist an viele dieser zunächst befremdlichen Eindrücke. Fremdes wird im Lauf der Zeit zum Gewohnten. Das Gefühl einer inneren Ablehnung weicht zunehmend einer gewissen Akzeptanz. Man kommt immer besser mit der Sprache zurecht. Man lernt immer mehr Menschen kennen und lieben, bis man schließlich auch einige – nicht alle – der ungewohnten Verhaltensweisen akzeptieren kann.

In diesem Buch werden Situationen angesprochen, die westliche Geschäftspartner vor allem auch in der Anfangsphase einer interkulturellen Begegnung das eine oder andere Mal hilflos machen und zur Verzweiflung bringen können. Hilflosigkeit und Verzweiflung sind Zeichen eines Kulturschocks. Die Frage ist nicht, ob ein Kulturschock eintritt, sondern innerhalb welcher Zeit man ihn überwindet. Die große Mehrheit meistert ihn erfolgreich. Viele sind nach einem Durchlauf der „Hochs" und „Tiefs" sogar psychisch gefestigter als zuvor. Sie erlernen neue Fähigkeiten, indem sie ihre Gewohnheiten überdenken und vieles aus der Perspektive des anderen betrachten [46, S. 138]. Genau dazu möchte dieses Buch beitragen: Nicht nur den einen „gewohnten" Weg zu sehen, sondern Perspektiven zu geben für andere Denkweisen und alternative Wege.

Erstaunlich ist, dass unter gewissen Umständen auch bei der Rückkehr ins Heimatland Erscheinungen eines Kulturschocks auftreten können: Dieser fällt manchmal sogar noch intensiver aus als bei der ersten Begegnung mit einer Fremdkultur. Einige der Befragten waren erstaunt darüber, dass sie plötzlich und unerwartet mit all der „Andersartigkeit im eigenen Land" herausgefordert waren:

> *„Nach einem Jahr Studienaufenthalt in China war ich auf der Heimreise nach Deutschland. Bei einem Zwischenstopp in Bangkok verspürte ich das erste Unbehagen bei der Begegnung mit nicht asiatischen Menschen. Dieses Gefühl wiederholte sich bei der Ankunft am Flughafen Frankfurt und trat während der nächsten Wochen immer wieder in verstärktem Maße auf. Bei größeren Menschenansammlungen z. B. an Bahnhöfen bemerkte ich, wie ich mich regelrecht unwohl und bedroht fühlte von den für mich plötzlich ungewohnt ausschauenden, vor allem riesig wirkenden Menschen. Da ich selbst als Frau für asiatische Verhältnisse relativ groß bin, stellte ich mir vor, wie Chinesen sich in China von mir bedroht fühlen mussten. Erst jetzt konnte ich die fragenden Blicke und weit aufgerissenen, erstaunten Augen deuten, wie ich es des Öfteren erlebte. Man ist dann auch in der Lage, die in Deutschland lebenden Ausländer besser verstehen zu können."*
>
> *(w / D / ca. 25J)*

Beim Versuch, seiner Familie und seinen Freunden vom eigenen Auslandsaufenthalt zu berichten, stellt man fest, dass man von den Familienangehörigen nicht verstanden wird. Die konnten sich einfach nicht in die fremdartige Lage versetzen und waren überfordert. Die Kommunikation mit den einst vertrautesten Menschen war gestört und scheiterte oft unerwartet und unerklärlich an Kleinigkeiten und Selbstverständlichkeiten. Das heimatliche Umfeld wirkte fremd und wurde mit ganz anderen Augen betrachtet. Man stufte die Ernährung in Deutschland als ungesund ein. Man wurde nicht mehr mit neugierigen Augen angeschaut. Man empfand alle Häuser als zu niedrig. Man ertappte sich sogar dabei, wie man Klopapier in den Mülleimer werfen wollte. Eine Deutsche gab an, dass

> *„... ich komischerweise genau das, was ich in China anfangs vermisst hatte, nämlich Ruhe, in Deutschland plötzlich als störend empfand."*
>
> *(w / D / ca. 23J)*

Nach einem längeren Aufenthalt in einem fremden Land hat sich unmerklich der innere Maßstab (die Erwartung) geändert, so dass einem die einst gewohnten Lebensweisen und der Lebensrhythmus fremd vorkommen. Wer für einen längeren Zeitraum ins Ausland entsandt wird, sollte in seinem Vertrag auf bestimmte kulturbezogene Rückkehrklauseln achten: Z. B. unterstützende Maßnahmen zur Reintegration.

Machen wir uns immer wieder bewusst, dass es auch viele Fremde und Ausländer in unserer Nachbarschaft gibt, die vor ähnlichen, hier beschriebenen Situationen stehen. Eine Chinesin wird mit Vorurteilen und Misstrauen konfrontiert, die leider viele Deutsche ganz allgemein den Ausländern entgegenbringen:

> *„Ich wollte geschäftlich ein Hotel reservieren, doch dies war nur durch die Hinterlegung meiner* privaten *Kreditkarte möglich. Sie glaubten mir nicht, dass ich als Chinesin für diese deutsche Firma arbeite. Erst als sich mein deutscher Kollege einschaltete, wurde meine Reservierung akzeptiert. Ich denke, als Ausländer in Deutschland hat man einige Nachteile."*
>
> *(w / C / ca.30J)*

Aufgrund von Schilderungen dieser Art ist es uns ein Anliegen, das Bewusstsein für die Mühen und Umstände von Ausländern zu schärfen, die sich in Deutschland den Herausforderungen des sozialen Miteinanders stellen.

Strategeme

> Ich würde jedenfalls einen
> nehmen, der
> mit der nötigen Vorsicht
> an die Schwierigkeiten heranginge
> und eher durch kluge Strategie
> Erfolg hätte.
>
> (Konfuzius)

Will man mit chinesischen Partnern auf Augenhöhe verhandeln bzw. zusammenarbeiten, so sollte man sich mit den 36 Strategemen intensiv vertraut machen. Sie sind die Kernelemente des „Spiels", von dem bereits beim Thema „Verhandeln" die Rede war. Außerhalb Chinas erlangen sie zunehmende Bekanntheit und gehören für viele Manager in den USA zur Standardlektüre; dort waren Bücher zu Strategemen auch lange Zeit in den Bestsellerlisten [49].

Strategeme zu kennen ist eine Sache, sie anzuwenden eine andere. Kann man als westlicher Unternehmer sich dieser Geschäftspraktiken nicht bedienen, läuft man Gefahr, das „Spiel" zu verlieren. Asiatische Geschäftsleute verstehen es, die Strategeme situationsbezogen zu ihrem Vorteil zu nutzen. Die „36 Strategeme" beschreiben grundsätzliche Möglichkeiten, wie man mit Intelligenz, Klugheit und List sein geplantes Ziel – notfalls über Umwege – erreichen kann. Bei der Analyse einiger Interviews wurde auf sie verwiesen. Chen gibt eine hervorragende Einleitung und Hinführung zu den Strategemen, die hier auszugsweise zitiert werden [37 / S. 7ff].

Die Geschichte Chinas ist 5000 Jahre alt. „Während dieser ganzen Zeit gab es nicht eine einzige Friedensperiode, die länger als 100 Jahre währte. Politische und militärische Auseinandersetzungen, diplomatische Intrigen, Bürgerkriege, Revolutionen wechselten sich ab und hatten einen nicht enden wollenden Wechsel von Dynastien zur Konsequenz." „Um all diese Kämpfe austragen zu können, bedurfte es großer Strategen, Meister der List und Täuschung, deren Aufgabe es war, durch ihre gedankliche Arbeit ihrem Kaiser und ihrem Land zum Sieg zu verhelfen. Viele dieser Strategien wurden überliefert, sind heute als Strategeme sogar sprichwörtlich geworden und werden auf das alltägliche Leben angewandt, da die in ihnen verborgene Weisheit weit über ihren ursprünglichen Zweck des Kriegführens hinausgeht. Vertieft man dieses altchinesische Wissen, ist es möglich, ohne großen Zeitaufwand die beste Strategie zu finden, um den größtmöglichen Erfolg auf kürzestem Wege zu erlangen – und zwar nicht nur, wenn die Situation günstig für einen ist, sondern auch und gerade dann, wenn sich das Schicksal gegen einen gerichtet zu haben scheint." „Sie lassen sich ohne weiteres auf alle Lebenslagen übertragen: Auf Auseinandersetzungen und Zweifel im Berufs-, Geschäfts-, Liebes- und Alltagsleben. Ihre Weisheit hilft selbst die schwierigsten Situationen zu meistern." „Letztlich sind die Strategeme reine Lebens- und Überlebensphilosophie, mit der man sich und anderen helfen kann. Man sollte die Listen aber nicht anwenden, um andere zu verletzen, denn wer dies plant, muss damit rechnen, selbst verletzt zu werden."

Einige Elemente und Botschaften dieser Strategeme sind im Westen aus Dramen, Schauspielen und Werken der klassischen und aktuellen Literatur bekannt. Bei Homer erscheint Odysseus als „listenreicher Held", der auf seinen Irrfahrten seine übermenschlichen Taten nur mit List und Klugheit bestehen kann. Die Tierfabeln von Jean de la Fontaine machen moralisch und lehrhaft auf die Tücken des Alltags aufmerksam. Dasselbe gilt für Märchen. Am Ende steht dann aber meist der erhobene Zeigefinger nach dem Motto „... und die Moral von der Geschicht'" oder die Frage: „Was lernen wir daraus?".

Die Strategeme umfassen 36 grundsätzliche, übergeordnete, systematische Kategorien von Klugheit, Weisheit und List, die kurz und prägnant formuliert sind. Auf diese kann letztendlich jede – in positivem Sinn – listige Vorgehensweise zurückgeführt werden. Das Kennen der Strategeme ist auf zwei Arten hilfreich: (i) Man wendet sie selbst an, um sein Ziel zu erreichen, oder (ii) man ist das Objekt (Opfer) einer List und möchte reagieren, sich befreien, einen Ausweg finden:

- (i) Betrachtet man die 36 Strategeme als eine „Menükarte", dann findet man für jedes Ziel, das man erreichen möchte, ein geeignetes Strategem. Für jemanden aus dem Westen, der bis heute nichts von deren Existenz weiß, hört sich das vielleicht ganz einfach nach Rezeptbuch an. Das ist es aber bestimmt nicht. Man muss erst das Verständnis für die 36 grundsätzlich verschiedenen Ansätze aufbringen, bevor man in der Lage ist, sie einzusetzen. Anders ist das in China (bzw. in anderen asiatischen Ländern): Die meisten Chinesen kennen diese traditionell überlieferten Strategeme. Sie sind integraler Bestandteil der chinesischen Kultur. In Verbindung mit den Werten der Lehre des Konfuzius lernt man, sie von früher Jugend an spielerisch anzuwenden [21 / S. 55].
- (ii) Asiatische Geschäftsleute verstehen es, die Strategeme z. B. bei Verhandlungen für bestimmte Ziele, Positionen und Situationen zu ihrem Vorteil zu nutzen. Als westlicher Teilnehmer hat man im Verlauf einer Verhandlung plötzlich den Eindruck, dass „etwas schief" läuft. Man fühlt sich bedrängt und in die Enge getrieben. Als Ausweg hilft dann kein deutsches „Poltern" oder Beklagen oder sich Beschweren (die Konsequenzen daraus sind im Abschnitt „Verhandeln" aufgezeigt). Als einziger angemessener Ausweg ist eine kluge, intelligente Abwehrtaktik gefordert. Es gibt immer eine Möglichkeit, entsprechend zu kontern, vorausgesetzt man erfasst, was sich da gerade abspielt. „Wenn sich der westliche Geschäftsmann nicht bemüht, etwas von der asiatischen Mentalität zu verstehen, wird es für ihn nahezu unmöglich sein, das Netz verschlungener Strategien zu erkennen, in das ihn seine asiatischen Verhandlungspartner einspinnen, so dass er ihnen zum Opfer fällt" [6 / S. 12]. Der Chinese betrachtet verdächtige bzw. ihm auffallende Situationen schon aus Gewohnheit mit seinem strategemgeübten Auge. Er ist ggf. in der Lage, die durch seinen Gesprächs- bzw. Verhandlungspartner angewendeten Strategeme herauszufiltern. Und nicht nur das; er kennt – wie beim Schachspiel – einen angemessenen Abwehr- oder Gegenzug [38].

Seinen Weg und sein Ziel mit List zu verfolgen, hat nach westlichem Verständnis den Rang entweder von Gemeinheit und Feigheit oder aber von „ultima ratio", d. h. vom letzten Ausweg, wenn alle anderen Stricke reißen. List ist gleichbedeutend mit Hinterlist. Deshalb möchte man erst gar nicht in den Verdacht listigen Vorgehens kommen: man wendet List nicht an bzw. verleugnet sie oder streitet sie ab. Einen ganz anderen Blickwinkel hat der chinesische Partner dazu: List ist in seinen Augen Klugheit (was es ursprünglich auch mal im Deutschen bedeutete). Wenn Sie mit chinesischen Partnern zusammenarbeiten wollen, dann setzen Sie sich mit den fernöstlichen Strategemen intensiv auseinander. Eignen auch Sie sich den positiven Blickwinkel von listigem (sprich klugem) Vorgehen an. Legen Sie ohne jedes Zögern alle anerzogenen Hemmungen ab. Sie sollten, wann immer es passend und notwendig erscheint, aus dem „Menü der 36" ein für die eigene Zielverfolgung geeignetes Strategem aussuchen und dann situationsbezogen mit einer wirksamen Taktik klug anwenden. Dazu ist eine Menge an kreativen Ideen und vor allem an Übung notwendig, bevor sich die gewünschten Erfolge einstellen. Betrachten Sie die 36 Strategeme wie einen vollständigen Werkzeugkoffer, mit dem ein ausgebildeter „Handwerker" alle ihm gestellten Aufgaben und Aufträge in Angriff nehmen und erfolgreich zu Ende bringen kann. Aber machen Sie sich bewusst: Jeder Handwerker legt eine Gesellenprüfung ab. Um im Bild des Handwerks zu bleiben: Es ist noch kein Meister vom Himmel gefallen. Es ist sehr empfehlenswert, dass Sie damit beginnen, sich in Strategem-Technik zu üben, und zwar in beide Richtungen: (i) Im Versuch, Strategeme selbst zu praktizieren und (ii) in der Beobachtung und Analyse von Situationen, bezogen auf potenzielle, versteckte Anwendungen der anderen Seite. Bevor jemand Strategeme mit Klugheit einsetzen kann, muss er seine geistigen Blockaden überwinden. Dem durch das westliche Wertesystem geprägten Menschen gelingt eine Annäherung an diese Denkweise allein über ein völliges Umdenken (Paradigmenwechsel). Seine gewohnten Denkmuster sind ein Gefängnis, aus dem er ausbrechen muss.

„Strategeme sollten nur aus ethisch einwandfreien Motiven heraus benutzt werden" [38 / S. 40]. Wie andere Werkzeuge, so können leider auch Strategeme für destruktive Ziele eingesetzt werden. Über deren Einsatz und damit über deren resultierende Wirkung entscheidet letztendlich ausschließlich der Benutzer, dessen Charakter ehrlich oder kriminell sein kann. Unser Ziel ist es, Sie von deren Existenz in Kenntnis zu setzen und Ihr Interesse zu wecken. Es würde den Rahmen unseres Buches sprengen, wenn wir die Strategeme hier so erklären sollten, dass Sie deren Inhalte, grundsätzlichen Prinzipien und Botschaften verstehen. Die Übertragung und Anwendung auf den privaten bzw. auf den geschäftlichen Bereich erfordert einige Übung. Wir verweisen auf die zahlreiche Literatur [38], [39].

Was man sonst noch wissen sollte

Religion: Chinesen bringen den Verstorbenen große Verehrung entgegen. Sie glauben, dass ein Teil jeder Seele sich im Ahnenschrein (in der Ahnentafel) aufhält. Beerdigungs- und Verehrungsriten werden sehr streng befolgt: „Während die Eltern leben, diene ihnen gemäß den Riten; wenn sie sterben, begrabe sie gemäß den Riten; und opfere ihnen gemäß den Riten" (Konfuzius).

Chinesen legen sich nicht auf eine einzelne Glaubensrichtung bzw. Weltanschauung fest; es existieren mehrere nebeneinander, die sich tolerieren. Die wichtigsten sind: Konfuzianismus, Taoismus, Buddhismus und – für einzelne Bevölkerungsgruppen – das Christentum. Der Konfuzianismus hat das Gemeinwohl zum Ziel: Alle sollen in ihrem Erdenleben glücklich und zufrieden sein (nicht erst im Jenseits) und im Einklang mit der Natur leben. Seine Staatslehre basiert nicht auf Gesetzen, sondern auf moralischen Grundwerten, wie Menschlichkeit, Respekt und Pietät vor den Ahnen (den Älteren), Rechtschaffenheit gegenüber den Mitmenschen.

Farbcode und Symbole: Rot ist die Farbe der Freude und des Glücks. Weiß ist die Farbe der Trauer, des Todes. Gelb ist ursprünglich eine erhabene Farbe, die dem Kaiser vorbehalten war – heute signalisiert sie auch Unrühmliches, Falschheit, etc. Grün signalisiert Leben, Natur, das Besondere – aber auch den Seitensprung. Die Zahl 4 bedeutet „Tod"; machen Sie deshalb z. B. keine Geschenke, die aus vier Teilen bestehen.

Kleidung: Die Farben der Business-Kleidung sind dunkel (anthrazit, blau). Der Mann trägt Anzug mit Krawatte. Die Dame trägt ein Kostüm oder einen Hosenanzug und vermeidet tiefe Ausschnitte. Röcke sollten nicht zu kurz sein und werden immer mit Strümpfen getragen. Die Alltagskleidung ist einfach, aber gepflegt.

Bestechung und Korruption: Beides sind Straftatbestände, die verfolgt werden. Mit einem Geschäftsessen oder mit Aufmerksamkeiten wie einer Stange Zigaretten, einer Flasche Wein oder Brandy ist dieser Straftatbestand nach chinesischem Recht noch nicht erreicht. Die Grenze, bei der ein Rabatt zum Bestechungspreis führt, ist nicht immer eindeutig zu ziehen. Eine transparente, korrekte Buchführung ohne „schwarze Kassen" ist auf jeden Fall empfehlenswert. Damit kein Mitarbeiter im Fall von Kontrollen sein Gesicht verliert, ist es sinnvoll, von Anfang an einen praxisgerechten Kontrollprozess einzuführen und bekannt zu machen, dass regelmäßige Kontrollen stattfinden. Wer per Prokura Unterschriftsrecht für ein Unternehmen hat, sollte im Fall von Dokumenten in ausschließlich chinesischer Sprache wissen, was er unterschreibt.

Einkaufen: Es gibt viele Möglichkeiten, preiswert einzukaufen. In kleineren Läden oder an Ständen darf ruhig ordentlich gefeilscht werden. In den Hotels und Kaufhäusern dagegen gibt es normalerweise feste Preise. Für Antiquitäten, die über 100 Jahre alt sind, ist eine Ausfuhrgenehmigung erforderlich; diese ist durch ein amtliches rotes Wachssiegel gekennzeichnet. Die besten Mitbringsel findet man in den regionalen Fabriken, Geschäften und Märkten, die sich auf Kunsthandwerk spezialisiert haben. Empfehlenswert sind Jadeschmuck, Stickereien, Kleidung aus Seide oder Kaschmirwolle, Schriftrollen, Kalligraphien, Gemälde und Schnitzereien aus Stein, Bambus und Holz.

Gesundheit: Bitte wenden Sie die üblichen Vorsichtsmaßregeln an, z. B. trinken Sie nie Leitungswasser, sondern kaufen Sie in den Hotels oder in Kaufhäusern geschlossene Wasserflaschen und verwenden Sie dieses Wasser auch zum Zähneputzen. Je nach Stabilität des Magens sollten Sie auf Speiseeis, Salat und geschältes Obst möglichst verzichten, so wie auch auf Eiswürfel in den Getränken. Auch kleinste Wunden sollten desinfiziert werden. Denken Sie an eine Auslandsversicherung.

Es sind keinerlei Impfungen zwingend vorgeschrieben. Je nach Reiseziel sollten Sie jedoch 6 bis 8 Wochen vor Abreise mit Ihrem Hausarzt, dem Gesundheitsamt oder einem Tropeninstitut einen persönlichen Impfplan besprechen. Unbedingt überprüfen und ggf. auffrischen lassen sollten Sie Ihre Impfungen gegen Polio (Kinderlähmung), Tetanus (Wundstarrkrampf) und Diphtherie.

Falls Sie zuhause regelmäßig bestimmte Medikamente einnehmen müssen, nehmen Sie diese in ausreichender Menge mit. Beachten Sie dabei eventuelle Verschiebungen des Einnahmerhythmus durch die Zeitumstellung. Für Ihre persönliche Reiseapotheke, die Sie im Handgepäck mitführen sollten, empfehlen wir Medikamente gegen Kopfschmerzen, Erkältungen, Magen- und Darmstörungen usw. In den Großstädten sind diese Medikamente i. Allg. problemlos erhältlich.

Handys/Mobiltelefone: Der größte Teil des Landes verfügt über ein gut funktionierendes Telefonnetz. Man kann natürlich auch das eigene Handy mitnehmen. Unsere heimischen Geräte funktionieren in vielen Regionen des Landes, jedoch kommt der sogenannte „Roaming-Aufschlag" für die Benutzung der ausländischen Netze hinzu. Am günstigsten sind Textmitteilungen (SMS).

Geld und Devisen: Fremdwährungen aller Art dürfen mitgeführt werden, jedoch ist eine Deklaration erforderlich. Die Ausfuhr ist in der Höhe der deklarierten Einfuhr abzüglich der umgetauschten Beträge erlaubt. Tausch und Rücktausch der Landeswährung Yuan (RMB) sind in den meisten Hotels der oberen Preisklasse problemlos möglich. Dort werden auch Kreditkarten akzeptiert. In großen Städten kann man auch problemslos mit EC-Karte abheben. Wir empfehlen die Mitnahme von Reiseschecks in Euro oder US-Dollars, die gegen Verlust versichert sind. Ein kleinerer Betrag sollte bar in kleinen Scheinen mitgeführt werden. „Schwarz" wechseln bringt meist nur Verdruss und Verlust. Der Wechselkurs liegt bei (Stand: 2007):

1 Renminbi ~ ca. 0,1 Euro; 1 Euro ~ ca. 10,0 Renminbi

Netzspannung: Die Spannung beträgt 220 V Wechselstrom; Mehrfachadapter sind empfehlenswert.

Zeitunterschied Die Zeitdifferenz zwischen Deutschland und Beijing beträgt:

+6 Stunden im Sommer; +7 Stunden im Winter.

Visa erteilen das Konsulat der chinesischen Botschaft in Berlin oder die regionalen Konsulate der Länder.

Chinesischer Kalender und Festtage: Offiziell gilt in China der westliche Kalender, der auch die folgenden Nationalfeiertage bestimmt: *Internationaler Frauentag* (8. März); *Tag der Arbeit* (1. Mai); *Tag der Jugend* (4. Mai); *Tag der Kinder* (1. Juni); *Gründungstag der Partei* (1. Juli); *Tag der Armee* (1. August); *Gründungstag der VRC* (1. Oktober).

Die traditionellen Festtage richten sich jedoch nach dem Mondkalender und sind daher beweglich. Der Monat beginnt bei Neumond, bei Vollmond ist Monatsmitte. Alle 30 Monate gibt es einen Schaltmonat, der das Mondjahr (354 Tage) zur tatsächlichen Umlaufzeit der Erde um die Sonne (365 Tage) ausgleicht. Achtung: vermeiden Sie Geschäftsreisen am Neujahrsfest (Frühlingsfest), am 1. Mai und am 1. Oktober! Dann ist ganz China im Urlaub. Es gibt keine freien Hotels. Die erste Maiwoche und die erste Oktoberwoche werden auch als goldene Woche bezeichnet.

Das *Neujahrsfest (Guonian) = Frühlingsfest* (Chunjie): Die Vorbereitungen beginnen am 30. Tag des zwölften Mondmonats. Am 1. Tag des Mondmonats findet in der (Groß-) Familie ein Essen statt. Man besucht sich und wünscht sich Glück. Kinder werden beschenkt (ähnlich wie beim christlichen Weihnachtsfest).

Das *Laternenfest* am Tag des ersten Vollmonds beendet die Neujahrsfeierlichkeiten: die Familie trifft sich wieder und genießt runde, meist süß gefüllte Reisklöße.

Das *Totengedenk-Fest* (Quingmingjie) ist am 12. Tag des dritten Mondmonats. Man besucht die Gräber und freut sich über ein Wiedersehen mit den Toten.

Das *Drachenbootfest* (Duanwujie) beginnt am 5. Tag des fünften Mondmonats. Drachenboote fahren um die Wette: Symbol für Regen. Man isst in Blätter gehüllte Klebreisklöße.

Das *Mondfest* (Zhongqiujie) beginnt am 15. Tag des achten Mondmonats: Hat die Bedeutung eines Erntedankfestes. Man bewundert den Mond und beschenkt Freunde mit runden, flachen, süßen oder salzigen Mondkuchen, in hübschen Schachteln verpackt.

3. Praktische Erste Hilfe für den Mittelstand beim Einstieg ins Chinageschäft

Ein Augenblick Geduld kann viel Unheil verhüten.
(chin. Weisheit)

In den folgenden Abschnitten beschäftigen wir uns mit ein paar wenigen, ausgesuchten relevanten Aspekten, die u. a. für ein Engagement in China eine Rolle spielen. Insbesondere werden Fragen gestellt, die es zu Beginn eines Chinaeinsatzes unbedingt zu klären gilt. Außerdem geben wir erste Erfahrungen von UdMs und hilfreiche Kontakte weiter.
Viele deutsche Unternehmen sehen China als Beschaffungs- und Absatzmarkt der unbegrenzten Möglichkeiten. Bei der Betrachtung als Beschaffungsmarkt stehen leider oft ausschließlich die Kostenvorteile Chinas im Vordergrund. Bei der Betrachtung als Absatzmarkt wird dagegen nur die immense Bevölkerung Chinas und deren rasch ansteigendes Kaufpotenzial gesehen. Ein Einstieg ins Chinageschäft wird sich – ähnlich wie der Einstieg ins Geschäft mit anderen Volkswirtschaften – aber nur für denjenigen lohnen, der sich gut vorbereitet und sich vor einem Engagement in China die richtigen Fragen stellt. Ein UdM kennzeichnet den chinesischen Markt:

> *„Der Markt in China ist von zwei Extremen gekennzeichnet: (a) super modern, super groß, super erfolgreich, sprengt unsere Dimensionen teilweise vollkommen; und (b) zur gleichen Zeit gibt es einen primitiven Status, wie wir ihn uns hier auch nicht vorstellen können. So, das sind die Extreme. Davon ist momentan das Land gekennzeichnet. Man könnte auch andere Dinge bringen: superbillig – trotzdem erfolgreich."* (m / D / ca. 50J)

Marktrecherche

- Kenne ich den chinesischen Markt? Habe ich mich ausreichend vorbereitet? Wie ist die Wettbewerbssituation durch chinesische Unternehmen und andere ausländische Wettbewerber, die bereits vor Ort sind?
- China als Absatzmarkt: Ist mein Produkt für den chinesischen Markt geeignet? Welcher Anpassungen bedarf es (anderer Name, Berücksichtigung anderer Gewohnheiten, Zulässigkeit meines Produkts, chinesische Verpackungen/ Gebrauchsanweisungen etc.)?
- China als Beschaffungsmarkt: Wo finde ich das von mir benötigte Produkt? Wo produziere ich am besten? Welche Kosten kommen auf mich zu?

Für ein Engagement in China ist es wichtig, sich im Vorfeld ausreichende Kenntnisse über den neuen Markt zu verschaffen. Zuallererst ist zu klären, ob das eigene Produkt in China überhaupt zukunftsfähig ist, ob der Markt China für das eigene Vorhaben geeignet ist. Hat man den eigenen Vorteil für sein Produkt auf diesem Markt erkannt, ist es empfehlenswert, eigene Recherchen zu betreiben. Keiner, auch keine Fremddienstleister wie Consulting Büros, kennt ihr Produkt besser als Sie selbst oder Ihre eigenen Mitarbeiter. Die Erfahrung zeigt, dass die beste Recherche deshalb durch denjenigen erfolgt, der sich am besten mit ihrem zu vermarktenden Produkt auskennt. Um eine intensive Recherche kommt man nicht herum, insbesondere auch, um herauszufinden, wo man welche Produkte antrifft. Zu beachten ist dabei eine sehr ausgeprägte Verteilung verschiedener Branchen auf bestimmte Wirtschaftszentren Chinas. Diese Recherche kostet neben Kraft und Kapital auch Zeit, die nicht zu knapp bemessen sein sollte. Eine weitere Besonderheit, die man beachten sollte, ist der erschwerte Zugang zu Informationen: Auch wenn China sich geöffnet hat, bedeutet das nicht, dass man so ohne weiteres an jede Information gelangt. Ein intensives, richtiges Recherchieren ist deshalb ein Muss. Dazu gibt es mehrere Wege: Neben Internetrecherchen ist der Besuch einer Messe in China empfehlenswert, wo Sie Gespräche mit potenziellen Partnern vor Ort führen oder aber selbst Präsentationen veranstalten und die Vorteile Ihrer Produkte und Leistungen erklären können. Der Messeausschuss der deutschen Wirtschaft „Auma" (siehe „Kontaktadressen") stellt Broschüren über Gemeinschaftsbeteiligungen von Bund und Ländern bereit. Eine beliebte Möglichkeit, erste Schritte nach China zu wagen, ist es, an einer organisierten Unternehmerreise teilzunehmen, bei der Ihre individuellen geschäftsbezogenen Wünsche und Forderungen berücksichtigt werden. Eine Unternehmerin des Mittelstands schildert ihre Eindrücke und drückt ihre Dankbarkeit aus:

> *„Ich meine, dass wir bei dieser Reise nicht viele Gesprächspartner bekommen hätten, ohne die Vermittlung der IHK. Ein immenser Vorteil ist, dass wir chinesische Reiseleitung hatten und der Zugang erleichtert wurde."*
> *(w / D / ca. 25J)*

Standort und Partner

- Verfügt der von mir ins Auge gefasste Standort über die richtige Infrastruktur?
- Gibt es genug verfügbare Energie, Wasser und eine gute verkehrsmäßige Anbindung (inkl. Logistik)?
- Gibt es ausreichend qualifiziertes Personal und die richtigen Lieferanten?
- Ist eine der vielen Sonderwirtschaftszonen für mich geeignet? Wenn ja, welche?
- Wie finde ich den richtigen Partner? Verfügt ein Partner über die richtigen Netzwerke und die in China so wichtigen Beziehungen?
- Hat ein Vertriebspartner das Potenzial an Know-how, wenn es um den Vertrieb der eigenen High-Tech-Produkte geht?

Es herrschen große Standortunterschiede, die man berücksichtigen sollte. Zwischen dem Westen und dem Osten Chinas bestehen große Unterschiede nicht allein hinsichtlich ihrer wirtschaftlichen Entwicklungsleistung. Eine erste Hilfe bei der Standortwahl war für einen der befragten UdMs der „Investitions- und Standortführer China 2006" [59], der ihm ganz allgemeine Daten und wesentliche Informationen zum Standort selbst lieferte.

Hat man sich für einen Standort entschieden, empfehlen wir, sich von Anfang an mit den verantwortlichen öffentlichen Stellen (Ämter, Behörden) – direkt oder indirekt – in Verbindung zu setzen. Sie sind dafür zuständig, ausländischen Unternehmern Infos aus erster Hand über den Standort bereitzustellen und Unterstützung zu geben.

Die nächste wichtige Entscheidung ist die Auswahl des Partners. Er sollte die Fähigkeiten haben, nach denen Sie suchen, und vertrauenswürdig sein. Es gibt drei verschiedene Gruppen von Partnern: Staatliche Unternehmen, private Unternehmen und ausländische Unternehmen. Die Zusammenarbeit mit staatlichen Unternehmen birgt auf allen Gebieten das kleinere Risiko. Eine Kooperation mit privaten Unternehmen ist durch mehr Flexibilität, dafür aber auch durch größere Risiken gekennzeichnet. Zwischen diesen beiden Gruppen gibt es große Unterschiede. Ausländische Unternehmen sind für Deutsche weniger interessant.

Für die Suche und Auswahl eines chinesischen Geschäftspartners gibt es, wie im Abschnitt „Marktrecherche" erwähnt, mehrere Möglichkeiten. Der Aufbau und die Pflege einer Geschäftsbeziehung zu Produzenten, Lieferanten, Dienstleistern, aber auch zu Behörden, kann z. B. über wirtschaftliche Institute oder erfahrene chinesische Mittelsmänner erfolgen. Dies ist ein aus mehreren Gründen hilfreicher und erfolgversprechender Weg, der vor allem auch zur Verringerung der geographischen Distanz beiträgt. Bei (kleineren) mittelständischen Unternehmen ist es eine Kostenfrage, permanent jemand vor Ort in China zu haben. Erste Erfahrungen eines Interviewten in der ersten Zusammenarbeit mit Chinesen bestätigen die Effizienz des Einsatzes eines Mittlers vor Ort:

„... Vielleicht fehlt da auch ein bisschen mehr die Einbindung, ich weiß ja nicht, was für Informationen letztendlich der Partner braucht. Das ist ja genau die Schwierigkeit. Ich bin nicht vor Ort, ich kann da nicht so 100%ig hinterfragen woran liegt's wirklich? ...Man muss das halt möglichst vor Ort sehen.... Deswegen verspreche ich mir über diesen Mittelsmann möglicherweise zumindest eine Betreuung, also irgendwie ein Update mit dem, was Vorgabe ist."

(m / D / ca. 38J)

Personal

- Gibt es vor Ort ausreichend qualifiziertes Personal? Welche Ausbildungs- und Schulungskosten kommen auf mich zu?
- Wo finde ich verlässliches Führungspersonal – nach Möglichkeit mit Deutschkenntnissen und guten Verbindungen und Netzwerken?
- Wie binde ich gutes Personal an mein Unternehmen?

Ebenso wie in anderen Ländern ist es auch in China das A und O, geeignete Personen – vor allem kompetentes Führungspersonal – für sein Vorhaben zu finden. Die Qualität der Unternehmung hängt von der Qualität der Personen ab. China hat viele Menschen, der Knackpunkt ist jedoch, die geeigneten Personen zu finden. War die Suche erfolgreich, dann geht es darum, Mitarbeiter langfristig an ein Unternehmen zu binden: Ausreichende Möglichkeiten zur Aus- und Weiterbildung und ein verlockendes Angebot an Zukunftsperspektiven sind nur zwei der zahlreichen Möglichkeiten, chinesische Mitarbeiter zu halten (siehe auch Kap. 2: „Fluktuation" und „Bedeutung von Sprachkenntnissen"). Ein UdM erläutert seine Vorstellungen zur Organisation und zur Leitung eines chinesischen Tochterunternehmens:

„Die Idealversion ist eigentlich immer ein Deutscher, der chinesisch spricht und seinen Lebensmittelpunkt in China hat; und natürlich aus der Branche kommt. Das zweite Modell wäre der Chinese, der möglicherweise im deutschsprachigen Raum studiert hat und letzten Endes auch loyal zu seinem Unternehmen steht, wobei das ist schlecht einzuklagen. ... Das hängt auch damit zusammen, dass eben doch ziemliche sprachliche Barrieren bestehen, und dass es eben auch diese kulturellen Unterschiede gibt, die es zu beherzigen gilt. Das heißt also, man kann jetzt nicht irgendeinen Deutschen einfach nach China schicken. Das kann gut gehen. Aber vor allem, wenn man unvorbereitet da hinkommt, ist es unter Umständen schwierig." *(m / D / ca. 50J)*

Schutz von Know-how

- Wie ist mein Know-how durch die chinesische Gesetzgebung geschützt?
- Wie schütze ich mein Know-how am besten?
- Wie reagiere ich auf Know-how Verletzungen/Produktpiraterie?

Der Schutz geistigen Eigentums hat in China keine Tradition. Unternehmer sollten sich klar darüber sein, dass die chinesische Haltung in diesem Zusammenhang auf dem Konfuzianismus fußt, nach dem es eine Ehre für den Meister ist, diesen nachzuahmen (siehe auch Kap. 2: „Kreativität"). Analog dazu ist es aus dem Blickwinkel der Chinesen eine Ehre für einen Produzenten, wenn seine Produkte nachgeahmt werden. Dieses Grundverständis muss in den Köpfen erst in ein Unrechtsbewusstsein gewandelt werden.

In den letzten beiden Jahrzehnten hat China den Schutz geistigen Eigentums sukzessive ausgebaut und ist fast allen bedeutenden internationalen Konventionen beigetreten. Das Problem der Produkt-„Nachahmung" liegt deshalb heute weniger im fehlenden gesetzlichen Schutz als vielmehr in der praktischen Durchsetzung der entsprechenden Rechtsansprüche. Hier einige praktische Anregungen u. a. von UdMs, wie man selbst dazu beitragen kann, sein geistiges Eigentum wirkungsvoll zu schützen:

Bevor man sich für einen Geschäftspartner entscheidet, ist es ratsam, von Zollbehörden Hinweise einzuholen. Unternehmen, die gewerbliche Schutzrechte verletzen, sind dort bekannt. Um seine gewerblichen Rechte zu schützen, kann ein Unternehmen z. B. einen Grenzbeschlagnahmeantrag stellen: Der Zoll verhindert dann die Ein- oder Ausfuhr bestimmter Waren.

Zu Beginn einer Partnerschaft ist es wichtig, dass nur die notwendigsten Unterlagen überlassen werden. Bevor man vertrauliche Dokumente austauscht, müssen unbedingt Vertraulichkeitserklärungen (Non-Disclosure Agreement) und Lizenzverträge unterzeichnet werden. Lassen Sie die Aushändigung durch eine ranghohe Gegenzeichnung bestätigen. Verwalten Sie alle relevanten Dokumente in Deutschland.

Es ist empfehlenswert, die Anmeldung von Schutzrechten in China nicht dem Partner aufzutragen oder gar die Schutzrechte unter dem Namen des chinesischen Partners anmelden zu lassen.

Eine einfache Kontrolle eigener Markenprodukte auf Nachahmung durch Fremde kann z. B. durch die eigenen Mitarbeiter oder durch den chinesischen Zoll geschehen. Geben Sie dazu entsprechende Hinweise (Schulungen), wie man eigene Produkte ggf. identifizieren und unterscheiden kann.

Logistik übernimmt die Abwicklung von Lagerhaltung, Kommissionierung, Transport (Kontrolle der Fahrer), Verladung, Umschlag von Waren. Fehllieferungen, Schwund und Schadensquoten sind genau zu kontrollieren. Legen Sie vertraglich fest, dass jederzeit Audits durchgeführt werden können.

Bei Übersetzungen entsteht in China ein eigenes Urheberrecht. Bei Übersetzungen von Bedienungsanleitungen und Fertigungs- bzw. Schaltplänen ist dafür zu sorgen, dass Urheberrechte bei der eigenen Firma bleiben.

Überall besteht die Gefahr, dass Produkte kopiert werden; vor Industriespionage ist man nirgends sicher. Um der Konkurrenz immer einen Schritt voraus zu sein, sind Produktinnovationen eine unabdingbare Voraussetzung. Deshalb ist das Thema Schutz des geistigen Eigentums auch in Zukunft äußerst bedeutsam. Eine Mischung aus Eigenschutz im Sinn der oben gelisteten (und weiteren) Maßnahmen und einer zunehmend strengeren Anwendung und Durchsetzung bestehender Gesetze der chinesischen Rechtsprechung sorgen für immer mehr unternehmerische Sicherheit.

Qualitätssicherung

- Ist mein Partner in China und/oder mein Personal in der Lage, die gewünschte Qualität zu liefern?
- In welcher Sprache sollte die Dokumentation erstellt werden?
- Wie kann ich sicherstellen, dass die von mir gewünschten Qualitätsforderungen eingehalten werden? Wer überwacht die Produktion und überprüft die Qualität vor Ort?
- Welche Zertifikate benötigen meine Produkte?

Vertrauen ist gut, Kontrolle ist besser. Man sollte chinesische Produzenten stets mit möglichst präzisen Beschreibungen und Zeichnungen ausstatten – bewährt haben sich auch Referenzmuster. Will man keine Überraschungen erleben, empfiehlt es sich, die Produktion vor Ort auch selbst zu überwachen bzw. z. B. vom TÜV überwachen zu lassen. Hier gilt es, Aufwendungen, die beim Lieferanten entstehen für Betreuung, Zertifizierungen, Überprüfungen, Nacharbeiten usw. zu berücksichtigen. Qualität hat auch in China ihren Preis. Deutsche Unternehmer machen es sich oft zu einfach, wenn Sie denken, mit kurzen, oftmals sehr ungenauen Bestellungen beim preiswertesten Anbieter das zu erhalten, was sie sich wünschen.

Eine wichtige Rolle spielen international anerkannte Zertifikate. Eines dieser Zertifikate ist z. B. das China Compulsory Certificate CCC. Es ist für zahlreiche Produktkategorien und Produktgruppen vorgeschrieben. Alle Produkte, die in diese Kategorien fallen – ob nach China importierte oder in China hergestellte – müssen nach CCC zertifiziert sein. Wichtig ist, dass bei einer Produktplanung sowohl die Dauer der Zertifizierung als auch deren Kosten – inklusive einer Rezertifizierung – berücksichtigt werden.

Erfahrene (externe) Dienstleistungsunternehmen geben Ihren chinesischen Partnern gerne Hilfestellung zu allen Themen der Qualitätssicherung und des Qualitätsmanagements. Die Aussage eines UdMs macht die Notwendigkeit einer guten Vorbereitung deutlich:

> *„Ich hatte an alles gedacht: Hatte einen chinesischen Partner vor Ort gefunden, der Preis war verhandelt, ich war sozusagen startklar, mein Produkt auf den chinesischen Markt zu bringen. Doch eine Sache hatte ich nicht bedacht: Ich hatte keine CCC-Marke, die für mein Produkt nötig gewesen wäre. So wurden meine Produkte vom chinesischen Zoll zurückgehalten, zudem musste ich noch Strafe zahlen. Es ist sehr wichtig, sich vorab genauestens zu informieren!" (m / D / ca. 38J)*

Form der Zusammenarbeit

- Welche Form der Zusammenarbeit mit einem chinesischen Partner ist für mich geeignet?
- Wie kann ich meine Interessen rechtlich am besten absichern?

Die Vor- und Nachteile eines Kontaktbüros, Vertretungsbüros, Joint-Ventures, einer Tochtergesellschaft oder der Abschluss exklusiver oder nichtexklusiver Vertriebsvereinbarungen sind für jeden Unternehmer rechtlich und steuerlich individuell zu bewerten. Um Missverständnisse zu vermeiden, sollte man unbedingt einen schriftlichen Vertrag abschließen. In diesem gilt es, das eigene Know-how bestmöglich zu schützen sowie klare Zahlungs- und Lieferbedingungen, Maßnahmen der Qualitätssicherung und Gewährleistungsregeln vorzusehen. Legen Sie großes Gewicht auf die Wahl des auf die Zusammenarbeit anwendbaren Rechts oder das zuständige Gericht (Gerichtsstandsklausel). Für eine eventuelle spätere Vollstreckung der Entschei-

dung ist ein internationales Schiedsgericht oft sinnvoller.
Erste Informationen erhält man von IHKs sowie AHKs. Für Details sollte man dann die Hilfe eines Rechtsanwalts heranziehen. Es gibt genügend deutsche und chinesische Anwälte, die sich sowohl mit dem deutschen als auch mit dem chinesischen Rechtssystem auskennen.

Behördenkontakte

- Richtiges Behördenmanagement: Verfüge ich – ggf. über den geeigneten Mittelsmann – über gute Beziehungen zu den Behörden vor Ort?
- Welche Genehmigungen, Lizenzen, Dokumente, Zertifikate und ähnliches benötige ich?
- Welche Behörde ist zuständig? Wie lange dauert die Bearbeitung von Anträgen?

Im Folgenden werden die Angebote und Leistungen einiger Kammern / Behörden / Verbände kurz erklärt. Über deren Kontaktdaten erhalten Sie direkten bzw. weiterführenden Zugang.

Handelsministerium der VR China MOFCOM

Das chinesische Handelsministerium wird in Deutschland vertreten durch Wirtschafts- und Handelsabteilungen. Die deutsche Internetseite berichtet über aktuelle wirtschaftliche Ereignisse und stellt u. a. Statistiken zu Import, Export und ausländischen Direktinvestitionen bereit. Sie informiert über Messen, Ausstellungen und andere relevante Veranstaltungen. Darüber hinaus gibt es noch eine Vielzahl anderer Leistungen. Über E-Mail können spezifische Informationen angefordert werden.

Außenhandelskommissionen der chinesischen Städte

Jede große Stadt hat Ämter für Außenwirtschaft und Handel eingerichtet – die Außenhandelskommissionen. Sie legen die lokale Politik, Richtlinien und Gesetze für den Außenhandel fest und setzen diese um. Ziel ist, für ausländisches Investment attraktiv zu sein und dieses zu fördern. Sie erschließen ausländische Märkte und fördern entsprechende bilaterale wirtschaftliche Beziehungen und den Handel mit ausländischen Städten und Regierungen. Sie organisieren und leiten Messen in China und im Ausland. Sie prüfen, bewerten und geben die Erlaubnis für ausländisch investierte Unternehmungen in der Stadt, für die sie zuständig sind und überwachen die Einhaltung entsprechender Gesetze und Regeln. Im Falle von Problemen treten sie als Streitschlichter nach bestehendem Recht auf.

China Council for the Promotion of International Trade CCPIT

Das CCPIT ist eine Einrichtung zur Förderung des Außenhandels in China. Die Ziele sind u. a., den Außenhandel durchzuführen und zu unterstützen, ausländische Investitionen zu nutzen, fortschrittliche ausländische Technologien einzuführen, wirtschaftliche und technologische Kooperationen und Handelsbeziehungen zwischen China und dem Ausland zu leiten und zu fördern.

Auslandshandelskammer in China *(AHK)*

Die Büros der *Delegations of German Industry & Commerce* und der *German Industry & Commerce Co. Ltd. (GIC)* in Beijing, Shanghai, Guangzhou und Hong Kong unterstützen deutsche exportorientierte Unternehmen beim Aufbau und bei der Erweiterung ihrer Aktivitäten in China. Sie ermöglichen eine schnelle und direkte Kontaktaufnahme und bieten Einstiegshilfen wie Beratung, Adressrecherchen, die Suche von Geschäftspartnern, die Suche von Personal, Marktinformation, Rechtsauskunft und die Schlichtung von Streitigkeiten, Inkasso, MwSt.-Rückerstattung, Vermittlung ausländischer Aussteller und Besucher für Messen in Deutschland, Organisation von Unternehmertreffen, Kongressen und Seminaren.

Bundesagentur für Außenwirtschaft BfAI

Die BfAI informiert umfassend über die aktuelle Situation auf den ausländischen Märkten. Täglich werden aktuelle Informationen u. a. zu Marktdaten, Ausschreibungen im Ausland, Investitionen und Entwicklungsvorhaben, Recht und Zoll sowie Geschäftswünsche ausländischer Unternehmen bereitgestellt. Ein Grundangebot in den Datenbanken *Länder und Märkte, Recht, Zoll* sowie der *Publikationsdatenbank* ist kostenfrei. Die Datenbanken „Zolltarife" und „Rechtsanwälte im Ausland" sind komplett freigeschaltet. Die von der BfAI veröffentlichten Wünsche nach Geschäftskontakten können aus der BfAI-Übersicht kostenlos abgerufen werden.

iXPOS – das Außenwirtschaftsportal

Zur Erschließung ausländischer Märkte stellen sich konkrete Fragen: Was wird gefördert? Wie sind die Verfahren? Wo erhalte ich Informationen? Wer sind Ansprechpartner? Welche konkreten Programme gibt es? Unter zahlreichen Stichworten zum Thema Außenwirtschaft kann sich der Nutzer informieren, welche Organisationen in Deutschland z. B. Förderprogramme anbieten und in Fragen des ausländischen Steuerrechts oder bei Zahlungsproblemen weiterhelfen. Für eine noch detailliertere Recherche steht die iXPOS-Suchmaschine zur Verfügung. Nutzer sind hauptsächlich kleine und mittelständische Unternehmen.

Kontaktadressen

Botschaft Volksrepublik China
Konsulatangelegenheiten
Visum
T +49-(0)30-2758 80
F +49-(0)30-2758 8221
Chinaemb_de@mfa.gov.cn
www.china-botschaft.de

Ministerium für Außenhandel und wirtschaftliche Zusammenarbeit der VR China
www.mofcom.gov.cn

China Council for the Promotion of International Trade
Gesetze zum Download
auf chinesisch:
www.ccpit.org
auf englisch:
www.english.ccpit.org

Botschaft Deutschland in Beijing
Konsulatangelegenheiten
T +86-10-8532 9000
F +86-10-6532-5336
germassy@bj-shuma.net
www.deutschebotschaft-china.org

Auswärtiges Amt –
Zentrale Notrufnummer
T +49-(0)1888-1744444

Auslandshandelskammern AHK
www.ahk.de
www.china.ahk.de

Bundesagentur für Außenwirtschaft bfai
T +49-(0)221-2057-0
F +49-(0)221-2057-212
www.bfai.de
www.e-trade-center.de

iXPOS
www.iXPOS.de

AUMA Ausstellungs- und Messe-Ausschuss der Deutschen Wirtschaft e.V.
www.auma.de

Deutsches Patent- und Markenamt
T +49-(0)89-2195-3402 / F -2221
T +49-(0)3641-40-5555 / F -5690
T +49-(0)30-25992-220 / F -404
Info@dpma.de

Zoll
T +49-(0)69-469976-00
F +49-(0)69-469976-99
info@zoll-infocenter.de

Zentralstelle Gewerblicher Rechtsschutz
T +49-(0)89-5995-2349
F +49-(0)89-5995-2317
zgr@ofdm.bfinv.de
www.ipr.zoll.de

Staatliches Amt für Geistiges Eigentum der Volksrepublik China
Chinesisches Markenamt
www.sipo.gov.cn
www.ctmo.gov.cn

TÜV Rheinland
T +49-(0)180-3112112
F +49-(0)180-3000169
service@de.tuv.com
www.tuv.com/de/china_ccc.html

State Administration for Industry & Commerce
www.saic.gov.cn

State Intellectual Property Office of P.R.China
www.sipo.gov.cn/sipo

China Customs
www.customs.gov.cn

The Central People's Government of the People's Republic of China
www.gov.cn

4. Geschichte der Volksrepublik China

Ein Volk in die Schlacht zu führen, bevor es erzogen ist, heißt, es verraten.
(Konfuzius)

Am 1. Oktober 1949 wurde die Volksrepublik China VRC proklamiert. In diesem Kapitel sind die wesentlichen geschichtlichen Daten der VRC in kompakter Form zusammengefasst [6], [30], [36]. Diese politischen, wirtschaftlichen und geschichtlichen Daten sind zum einen historische Erinnerung, die uns eine zeitliche Einordnung des Geschehens in China erlaubt. Zum andern sind sie als Demonstration dafür gedacht, welchem gewaltigen Umbruch das bevölkerungsreichste Land der Erde ausgesetzt ist. Zum Dritten wird auf Ereignisse der chinesischen Neuzeit in den vorausgehenden Kapiteln und Abschnitten immer wieder Bezug genommen bei der Analyse der Herausforderungen und zur Erklärung von Hintergründen.

Diese dramatische Abfolge der Neuzeit Chinas in – historisch gesehen – kürzester Zeit sind ein Beweis, dass Kulturen nicht als Systeme von Stabilität und Kontinuität betrachtet werden können. Man muss verstehen, dass sie einem stetigen Wandel unterliegen [28, S. 118], dem sich vor allem die Menschen nicht entziehen können. Es sind drei Ebenen erkennbar, auf denen sich dramatische Änderungen vollziehen:

- Auf politischer Ebene wird eine Diktatur ersetzt durch eine Regierung, die zunehmend rechtsstaatliche Prinzipien auf Basis einer Verfassung landesweit durchsetzt und mit sichtbarem Erfolg anwendet.
- Auf wirtschaftlicher Ebene kommt China aus der Planwirtschaft und stellt sich marktwirtschaftlich orientiert dem internationalen Wettbewerb mit zunehmendem Erfolg.
- Auf gesellschaftlich sozialer Ebene findet eine Transformation statt von der Arbeiter- und Bauernklasse hin zu eigenverantwortlichem Unternehmertum in Industrie, Handel und Dienstleistungsbereichen.

Historisch-politisch veränderte Rahmenbedingungen haben großen Einfluss auf das „Hier und Jetzt" von Interaktionen. Auch lässt sich bei diesem rasanten Geschichtsverlauf der immense Generationenkonflikt in China leichter verstehen.

Wir wollen Sie als Leser nochmals ausdrücklich darauf hinweisen, dass es aus Gründen eines harmonischen Miteinanders nicht ratsam ist, politische Themen in Diskussionen einzubringen, weder beim gemeinsamen Essen und erst recht nicht bei der Arbeit. Deutsche sollten nicht vergessen, dass sie vor nicht allzu langer Zeit Kriege geführt und eine schreckliche Diktatur erlebt haben, auf deren Einzelheiten sie auch nur ungern hingewiesen werden.

1947 – 1949
Bürgerkrieg zwischen Nationalisten und Kommunisten. Rote Armee siegt über Nationalisten: Chiang Kaishek (Guomindang-Partei) flieht nach Taiwan. Die Kommunistische Partei Chinas KPCh wird zur herrschenden Partei. Ziel des Zentralkomitees ZK der KPCh ist es, aus dem Agrarland China eine sozialistische Industrienation zu machen.

1949 Nach dem Vorbild der National Academy of Sciences in USA wird die „Chinesische Akademie der Wissenschaften" gegründet; hier soll nur geforscht, nicht gelehrt werden (siehe auch 1977).

Am 1. Okt., Staatsgründung: Mao Zedong ruft in Beijing die Volksrepublik China VRC aus.

1953 Erster Fünfjahresplan nach sowjetischem Vorbild. Moskauer Experten leisten Hilfe. Stahl und Getreide haben Priorität. Privatwirtschaft wird zerstört, Bauernland wird kollektiviert, Kleinindustrien werden vergesellschaftet.

1956 Hundert-Blumen-Bewegung: Mao Zedong fordert Intellektuelle zu öffentlicher Systemkritik auf. Seine Erwartung, eine Bestätigung des Kommunistischen Systems zu erhalten, verkehrt sich ins Gegenteil. In einer Säuberungsaktion werden Menschen politisch verfolgt, mit Berufsverbot belegt und inhaftiert.

1958 Alle Planvorgaben gelten nach kurzer Zeit nicht mehr. Mao Zedong verordnet den „Grossen Sprung nach Vorn" – eine Vision von einem China als Weltmacht; in wenigen Jahren sollten England und USA eingeholt werden. Städter müssen Stahl produzieren, Bauern riesigen Volkskommunen beitreten. Maos Wirtschaftskonzept hat verheerende Folgen für das ganze Land. Die Agrarproduktion fällt um 20%. Es kommt zu schweren Hungersnöten.

1960 Kuba erkennt als erstes Land Amerikas China an und nimmt diplomatische Beziehungen auf.

1961 ZK beschließt die landwirtschaftliche Produktion wieder anzukurbeln.

1962 Kaschmir-Konflikt mit Indien.

1966 – 1969
August 1966: Durch Putsch einer maoistischen Minderheit wird die Kulturrevolution (auch „Große Proletarische Revolution" genannt) proklamiert. Es entsteht ein bürgerkriegsähnliches Chaos, an dem die Roten Garden (militärisch organisierte Jugendverbände) beteiligt sind. Es geht gegen die Reaktionäre (die Vertreter einer liberalen Wirtschaftspolitik) und gegen die „Vier Alten" (die traditionellen Denkweisen, die alte Kultur, die alten Sitten und die alten Gebräuche).

1970 – 1975
Ausläuferjahre der Kulturrevolution mit Wiederaufbauplan. 250 Mio. Menschen leben unter dem Existenzminimum.

1976 8./9. Sept.: Tod von Mao Zedong. In der Partei entbrennt ein heftiger Streit um die Nachfolge: Hua Guofeng ist Sieger. Lässt die „Viererbande" (Witwe Maos „Jiang Qing" und drei ihrer Kampfgenossen) verhaften – eine kulturrevolutionäre Gruppierung; Ende 1980 Verurteilung zu hohen Haftstrafen bzw. zum Tode; Todesurteile werden 1983 zu lebenslangen Haftstrafen umgewandelt.

1976 – 1980
Nach dem Tod Maos sind ab Juli 1977 erste Liberalisierungstendenzen erkennbar. Deng Xiaoping wird rehabilitiert, der zum mächtigsten Mann der VRC aufsteigt. Reformen erlauben Bauern privates Pachtland zu beackern.

1977 Von der Akademie der Wissenschaften (siehe 1949) spaltet sich die Akademie der Sozialwissenschaften ab.

1978 März: Deng Xiaoping fordert bei einer Rede der nationalen Wissenschaftskonferenz die „vier Modernisierungen" für: Landwirtschaft, Industrie, nationale Verteidigung sowie Wissenschaft und Technologie.

1978 Start der Geburtenplanung (Ein-Kind-Politik).

1981 – 1985
Beijing legt einen Langzeitplan auf, das Nationalprodukt zu vervierfachen. China öffnet sich dem Ausland. Gründung von Sonderwirtschaftszonen: Beijing, Tianjin, Shanghai mit Yangtse-Delta, die Südprovinzen Fujian und Guangdong, sowie Hainan Dao und Shenzen. Ausländischen Investoren werden in diesen Sonderwirtschaftszonen Kooperations- und Niederlassungs- Angebote gemacht. Das Wachstum erreicht knapp 11%.

1984 Volkswagen geht ein Joint-Venture mit einem chinesischen Hersteller ein.

1986 – 1990
Die Reformen weiten sich erfolgreich aus. Das Wachstum erreicht 8 %. Die Regierung (der Staatsrat) verabschiedet ein langfristiges „Programm für die naturwissenschaftliche und technologische Entwicklung 1986 – 2000".

1986 März: „Plan 863": Die wichtigsten Forschungsgebiete (Schlüsseltechnologien) werden definiert: Raumfahrt, Biotechnologie, Neue Werkstoffe, Laser, Automationstechnik, Energietechnik, Informationstechnologie.

1987 Es kommt zu ersten Studentendemonstrationen.

1989 4. Juni: Massive Studentenunruhen auf dem Platz des Himmlischen Friedens (Tian'anmen). China wird mit einem Handelsembargo belegt.

1991 – 1995
Deng Xiaoping startet Reformen ab 1992 neu. Börsen werden gegründet. Auslandskapital wird angeworben. Die Privatwirtschaft blüht auf. Das Wachstum liegt bei 11,8 %. 1995 wird das Ziel zur Vervierfachung des Inlandprodukts vor Frist erreicht.

1992 Die dritte Führungsgeneration unter Staatspräsident Jiang Zemin ist ohne revolutionäre Vergangenheit; hat meist ein naturwissenschaftliches oder Ingenieur-Studium abgeschlossen; ist weniger ideologisch, sondern technokratisch orientiert.

1993 „Projekt 211": Nach dem Vorbild der Harvard Universität in USA sollen 100 Schwerpunkt-Universitäten aufgebaut werden mit dem Ziel, im Lauf des 21. Jahrhunderts zu den besten der Welt zu gehören.

1994 Von der Akademie der Wissenschaften (siehe 1949 und 1977) spaltet sich die Akademie der Ingenieurwissenschaften ab. Die nun drei Akademien betreiben heute Grundlagenforschung; sie sind die Denkfabriken Chinas.

1996 – 2000
Das Inlandsprodukt steigt auf über 1000 Dollar pro Kopf und Jahr. Bis 2010 soll es sich verdoppeln.

1996 Lenovo (früher Legend) fertigt weltweit die meisten Computer.

1996 April: China bildet mit vier Staaten den Staatenbund „Shanghai Fünf": Russland, Kasachstan, Kirgisistan, Tadschikistan. Die Staaten Zentralasiens sind reich an Rohstoffen (u. a. Öl).

1997 1. Juli: Hongkong wird wieder chinesisch. Die Sino-British Joint Declaration sichert noch weitere 50 Jahre (bis 2047) das bestehende Wirtschaftssystem.

1998 Gründung der SEPA (State Environmental Protection Administration).

1999 März: Der Nationale Volkskongress legalisiert das private Unternehmertum. Per Gesetzesänderung wird die Privatwirtschaft als „wichtiger Bestandteil der sozialistischen Marktwirtschaft„ anerkannt.

2002 Einweihung des weltweit ersten Transrapid für Personenverkehr in Shanghai.

2001 – 2005
2300 Gesetze und Zölle der alten Planwirtschaft und 190.000 Verordnungen der Provinzen werden gestrichen. China wird drittgrößte Handelsmacht, viertgrößte Volkswirtschaft der Welt. 2005 beträgt das Inlandsprodukt 1700 Dollar pro Kopf.

2001 Beijing tritt der WTO bei.
Jiang Zemin bereist Südamerika. Chinas Interesse gilt den Rohstoffen. Erste strategische Partnerschaft wird mit Chile unterzeichnet.

2002 Die vierte Führungsgeneration unter Staatspräsident Hu Jintao setzt technokratische Orientierung fort; erste Juristen und Wirtschaftswissenschaftler mit Auslandserfahrung werden Mitglied der politischen Führung.

2003 Okt.: ASEAN-Staaten unterzeichnen auf Bali mit China einen Vertrag über eine strategische Partnerschaft. Partner beschließen Freihandelsabkommen.
16. Okt.: Der erste chinesische Raumflug (Shenzou V) ist nach 21 Stunden erfolgreich zu Ende.
Start eines Mondprogramms; noch vor 2020 sollen die ersten Chinesen auf dem Mond landen.

2004 1. März: Die neue und wesentlich verbesserte „Regulation on the Customs Protection of Intellectual Property Rights" tritt in Kraft. Die chinesische Regierung geht ernsthaft gegen den Produktklau vor („Fake"-Produkte).
März: Der Verfassungstext von 1982 wird mit 14 Änderungen erneut modifiziert.
Das Welttextilabkommen läuft aus, das China Exportquoten aufzwang. Die westlichen Märkte werden mit chinesischen Textilien überschwemmt.
Sept.: 27 europäische Staaten unterschreiben mit China einen Vertrag über den Approved Destination Status ADS: Erlaubt chinesischen Gruppentouristen die Reise in diese Länder.

2005 Weltweit sind ca 20 Mio. chin. Touristen unterwegs. China überholt Japan als reisefreudigstes asiatisches Land.
EU-Kommission führt wieder Quoten für chinesische Textilien ein.
Okt.: Zweiter erfolgreicher chinesischer Raumflug.
Erster Gipfel der EAC (East Asian Community) in Kuala Lumpur. Deren Ziel ist eine Ostasiatische Gemeinschaft nach dem Vorbild der EU.

2006 – 2010
Laut Statistischem Amt hat China eine Bevölkerung von 1,307 Milliarden Menschen. Ein neuer „Fünfjahresplan" hat u. a. folgende Zielsetzungen:
Das ZK wünscht einen „Richtlinien-Plan" statt eines „pauschalen und einseitigen" Wachstumsmodells.
Die Bevölkerung soll bis 2010 auf nicht mehr als 1,37 Milliarden Menschen wachsen.
Bei vergleichbarer Wirtschaftskraft soll das Land mit 20 % weniger Energie und Rohstoffen auskommen.
Steuern sollen gezielt eingesetzt und Investitionen umverteilt werden.
Innovationen in Wirtschaft und Technologie werden gefördert, damit sich China von seiner Rolle als „Werkbank der Welt" verabschiedet.

16 Schlüsseltechnologien sollen gefördert werden, u. a. Software, Telekommunikation, Atomenergie, Biotechnologie, Gentechnologie, Raumfahrt.

2006 4. /5. November: China unterzeichnet in Beijing mit Vertretern von fast 50 afrikanischen Staaten ein Wirtschaftsabkommen im Gesamtvolumen von $ 1,9 Milliarden. Ziel: Gute Beziehungen zu dem rohstoffreichen Kontinent sollen China auf lange Sicht den Zugang zu Ressourcen sichern.

5. FAZIT

> Bei dem raschen Wandel der Situationen ist es unmöglich, bindende Regeln zu geben. Grundsätze können nur einen Anhalt geben, das Schema versagt.
>
> (Helmut Graf von Moltke)

In beiden Kulturen Chinas und Deutschlands haben sich über Tausende von Jahren politische, wirtschaftliche und soziale Bedingungen dynamisch entwickelt, woraus vielfältige Formen und Normen entstanden – in der Art wie Menschen empfinden oder Dinge wahrnehmen, wie sie gewisse Situationen einschätzen und wie sie entsprechend handeln. Wir haben an vielen praktischen Beispielen demonstriert, wie Menschen unbewusst durch ihre Kultur geprägt sind. Menschen begegnen sich an den Schnittstellen zum „Dialog der Kulturen", sie agieren und kommunizieren. Sie sehen sich dort plötzlich und unerwartet vor ungeahnte Herausforderungen gestellt. Der Grund sind gegensätzliche und teilweise unvereinbare Erwartungen. Jeder weiß aus eigener Erfahrung, wie unsicher man sich in einer fremden Umgebung fühlen kann und wie enttäuschend, ja schockierend es ist, wenn Erwartungen nicht eintreffen. Wir wissen aber auch, wie wichtig es ist, seine Enttäuschungen zu überwinden – anstatt sich enttäuscht zurückzuziehen. Wohl dem, der in solchen Situationen souverän genug ist, sich nicht zu ärgern, sich nicht entmutigen zu lassen und nicht dem Partner der anderen Kultur die Schuld zu geben. Wenn etwas passiert, das man nicht versteht oder das einem befremdlich vorkommt, sollte man sich vielmehr bewusst machen: Das ist nicht „gegen mich" gerichtet. Auch der fremdkulturelle Partner hat Probleme, unsere Handlungsweise und Argumentation zu verstehen.

Ein Erfolg versprechender Weg, sich einander zu nähern, ist es, die eigenen Emotionen unter Kontrolle zu halten, seine Gewohnheiten und Erwartungen zurückzustellen und zu überlegen, wie man – je nach Situation – eine adäquate Lösung für beide Seiten finden kann. Voraussetzungen dazu sind Einfühlungsvermögen, Verständnis und die Bereitschaft, geistig offen und tolerant gegenüber Fremden und Fremdem zu sein. Vor allen Dingen sollte man Ungewohntes auch dann akzeptieren, wenn man nicht so richtig versteht, warum der Partner jetzt so und nicht anders handelt, in vollem Bewusstsein, dass er einfach andere Handelsmuster hat. Wenn jeder auf den anderen wartet bzw. nur immer vom anderen die Bereitschaft erwartet, dass er einem entgegenkommt, entsteht eine Pattsituation: Gegenseitiges Unverständnis nimmt irrationale Formen an und macht eine Zusammenarbeit unmöglich. Ein wichtiger erster Schritt aus dieser Sackgasse ist, dass beide Seiten ihre Positionen verlassen und gemeinsam Raum schaffen für eine praktikable Mischkultur. In diesem Raum gedeihen gegenseitiges Verständnis und Akzeptanz; kulturelle Unterschiede haben keinen Stellenwert; jeder bringt seine Stärken ein, die dann zu einem Synergiepaket von Gemeinsamkeiten geschnürt zum Einsatz kommen. Das hört sich zwar einfach an, ist aber ein Reifeprozess, bei dem jeder mit sich selbst kämpfen muss, bis das neue Denken und Handeln gegen das gewohnte Verständnis gewinnt. Nur so kann man in Einklang mit dem fremdkulturellen Partner kommen.

Betrachten wir den hier vorgestellten Erfahrungsschatz der mittelständischen Unternehmer und der Mitarbeiter von großen Firmen als eine Art Pioniererfahrung. Nehmen wir diese Erlebnisse und Erfahrungen als eine von vielen Möglichkeiten, wie man in ähnlichen Situationen praktisch (re)agieren kann. Eine einfache Faustformel für situationsbezogenes adäquates Verhalten in einer anderen Kultur könnte lauten

- gelassen die Situation beobachten
- abwarten, was der „Einheimische" tut
- im ersten Schritt: einfach versuchen dasselbe zu tun.

Das hat nichts damit zu tun, dass man seine eigenen kulturellen Werte aufgibt oder sich dem anderen komplett anpasst; sonst wäre unsere Welt eintönig und langweilig. „Wenn alles relativ und ‚gleich gültig' ist, dann gibt es keine Verbindlichkeiten mehr, die einen festlegen könnten, und dann gibt es auch keine Ideale mehr, für die man streiten müsste. Alles ist gleichermaßen wählbar oder abwählbar" [48]. Wir können uns nur wünschen, dass jede Kultur ihre eigenen Prägungen und Besonderheiten behält, ja sogar ausbaut.

Fühlen Sie sich zum Vermittler der Kulturen verpflichtet. Durch den Dialog der Kulturen können wir die Lebensqualität und den Lebensreichtum aller Menschen fördern. Wir können vor allem aber für mehr gegenseitiges Verständnis und damit für mehr Toleranz und Akzeptanz werben und eintreten. Es kommt darauf an, dass wir diese Fähigkeiten der Rücksichtnahme auch im Geschäftsalltag und im ganz alltäglichen Leben permanent unter Beweis stellen.

Eine solch positive, aufgeschlossene Stimmung hat die Geschäftswelt erfasst. Eine tolerante, weltoffene Unternehmenskultur zu schaffen ist zumindest eine erstrebenswerte Vision, auf die man gerne hinarbeitet und zusteuert. Die in diesem Buch angesprochenen Inhalte sollen sowohl auf chinesischer, als auch auf deutscher Seite dazu beitragen, das Bewusstsein vor allem für sensible interkulturelle Herausforderungen und Themen zu schärfen. Eines ist gewiss: Sowohl Chinesen als auch Deutsche werden in Zukunft noch viel über den jeweiligen Partner lernen.

6. Anhang

Minisprachführer

Chinesisch	Aussprache	Bedeutung
你 好	Nǐ hǎo	Guten Tag
再见	Zài jiàn	Auf Wiedersehen
谢 谢	Xiè xiè	Danke
对 不 起	Duì bù qǐ	Verzeihung
对不起，请问	Duì bù qǐ, qǐng wèn	Entschuldigung
是 的	Shì de	Jawohl
不	Bù	Nein
可能	kě néng	vielleicht
对 的	Duì de	Stimmt
好	Hǎo	Gut
不 好	Bù hǎo	Nicht gut
可 以	Kě yi	in Ordnung
好 的	Hǎo de	in Ordnung, O.K.
很 漂 亮	Hěn piào liàng	Sehr schön, hübsch
哪里，哪里	Nǎlǐ, nǎlǐ	Nicht der Rede wert
不用谢	Bú yòng xiè	Nichts zu danken
很乐意，不客气	Hěn lè yì, bú kè qi	Gern geschehen
不 可 能	Bù kě néng	Unmöglich, undenkbar
我不会说中文	Wǒ bù huì shuō zhōng wén	Ich spreche kein Chinesisch
我没听懂	Wǒ méi tīng dǒng	Ich kann Sie leider nicht verstehen
您会说德语或者英语吗？	Nín huì shuō dé yǔ huò zhě yīng yǔ ma ?	Sprechen Sie Deutsch oder Englisch?
德 国	Déguó	Deutschland
中 国	Zhōngguó	China
我 是 德 国 人	Wǒ shì dé guó rén	Ich bin Deutsche, Deutscher
我 姓。。。	Wǒ xìng…	Mein Name ist…
您 贵 姓?	Nín guì xìng?	Wie ist Ihr Name?
很高兴认识您	Hěn gāo xìng rèn shi nín	Es freut mich, Sie kennenzulernen
你好吗?	Nín hǎo ma?	Wie geht es Ihnen ?
谢谢，我很好	Xiè xiè, wǒ hěn hǎo	Danke, mir geht es gut

我的电话号码是。。。	Wǒ de diàn huà hào mǎ shì …	Meine Telefon Nr. ist …
能告诉我您的电话号？	Néng gàsù wǒ nín de diàn huà hào mǎ ma?	Wie ist Ihre Telefonnummer?
您能帮我个忙吗？	Nín néng bāng wǒ gè máng ma?	Können Sie mir bitte helfen?
您能送我去。。。	Nín néng sòng wǒ qù…	Bitte fahren Sie mich zu …
我 想 到。。。	Wǒ xiǎng dào…	Ich möchte nach..., zu..., ins…
去(火车站，旅馆，出租车站，银行) 怎么走	Qù (huǒ chē zhàn, lǚ guǎn, chū zū chē zhàn, yín háng) zěn me zǒu?	Wo geht's bitte zum (Bahnhof, Hotel, Taxi, Bank) ?
旅 馆，饭 店，宾 馆	Lǚgǔan, Fàndiàn, Bīnguǎn	Hotel
银 行	Yín háng	Bank
我 要 换 外 币	Wǒ yào huàn wàibì	Ich möchte ausländische Währung tauschen
这顿饭很好吃	Zhè dùn fàn hěn hǎo chī	Das Essen war ausgezeichnet
很 好 吃	Hěn hǎo chī	(Das) schmeckt sehr gut
您选的很不错	Nín xuǎn de hěn bú cuò	Sie haben sehr gut ausgewählt
我 不 喜 欢	Wǒ bù xǐhuān	(Das) mag ich nicht
您还需要点什么？	Nín hái xū yào diǎn shén me?	Möchten Sie noch etwas?
买单	Mǎi dān	Bezahlen, bitte
这 个 多 少 钱?	Zhè ge duō shǎo qián?	Was kostet das?
干 杯	Gānbēi	Prost (wird auch im Sinne von „auf Ex" verwendet)
祝健康长寿	Zhù jiàn kāng cháng shòu	Auf ein langes Leben
我的身体不舒服	Wǒ de shen tǐ bù shū fu	Es geht mir nicht gut
哪里有医生？	Nǎ lǐ yǒu yī shēng?	Wo ist bitte ein Arzt?

Aussprache der Töne (Tonhöhen)

Der 1. Ton: (**–**) Sehr hohe Tonlage, flacher Tonverlauf, wird anhaltend hoch gesprochen (etwa wie in „Basis").
Der 2. Ton (**/**) Der Ton steigt von der mittleren Tonlage aus an und wird nach oben gezogen wie bei einer Frage (etwa wie bei „echt?" im Sinn von: Ist das echt wahr?).
Der 3. Ton (**v**) Er ist der tiefste Ton. Nach einem leichten Abstieg steigt er wieder an und beginnt insgesamt tiefer als der 2. Ton (etwa wie in „Aha" wenn man erstaunt ist).
Der 4. Ton (****) Der 4. Ton ist ein fallender Ton. Zu Beginn ist er nahezu so hoch wie der 1. Ton. Vergleichbar mit absolut.

Zahlensystem

零	Líng	Null
一	Yī	Eins
二	Èr	Zwei
三	Sān	Drei
四	Sì	Vier
五	Wŭ	Fünf
六	Liù	Sechs
七	Qī	Sieben
八	Bā	Acht
九	Jiŭ	Neun
十	Shí	Zehn
一百	Yī băi	Einhundert
两百	Liăng băi	Zweihundert
三百	Sān băi	Dreihundert
一千	Yī qiān	Tausend
一万	Yī wàn	Zehntausend
十万	Shí wàn	Einhunderttausend

Zählweise:	11 = 10 (+) 1	(Shí yì)
	21 = 2 (x) 10 (+) 1	(Èr shí yì)
	65 = 6 (x) 10 (+) 5	(Liù shí wŭ)

Fingerzählsystem

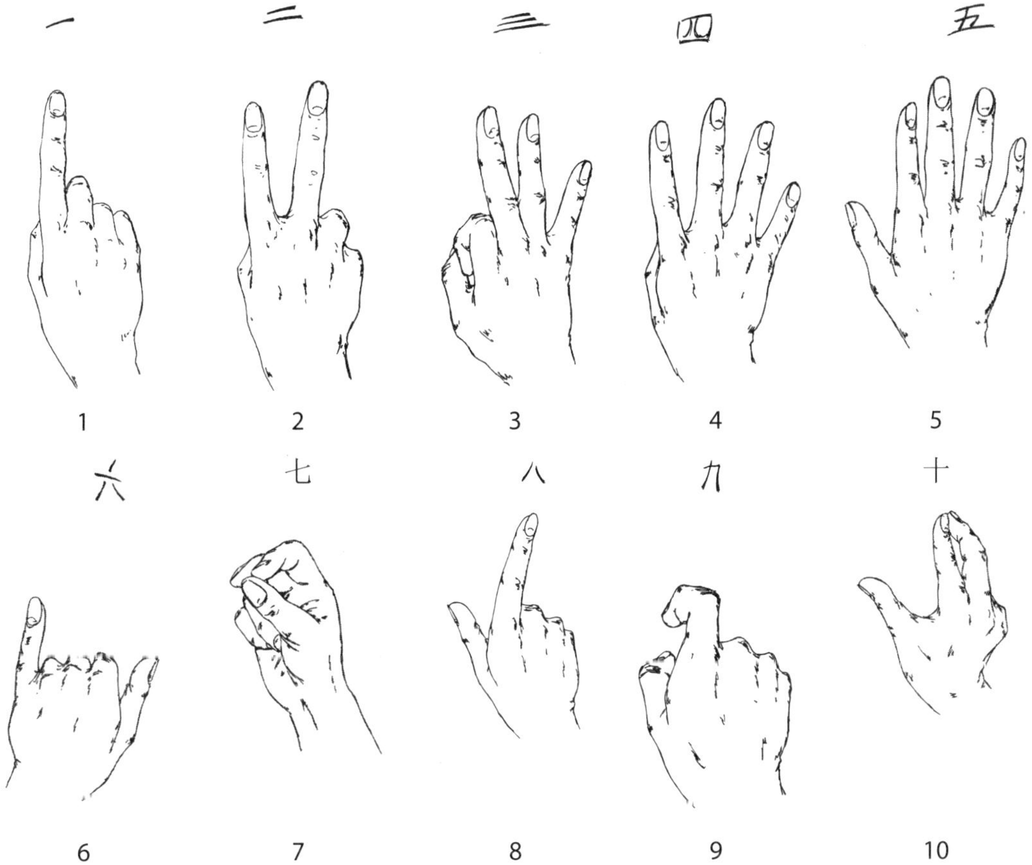

Tabelle 2: Die chinesische Fingerzählweise von 1 bis 10.

Vorgehensweise bei den Interviews

Unser Interesse galt allgemeinen und interkulturellen Herausforderungen, denen sich Deutsche in der Zusammenarbeit mit Chinesen stellen müssen (und umgekehrt). Deshalb haben wir 11 Deutsche und 3 Chinesen sowohl in China als auch in Deutschland interviewt. Unsere Interviews mit 5 Kubanern ergänzen bei einzelnen Themen den bilateralen Blickwinkel und erlauben eine erweiterte Sicht auf einige Ergebnisse und Standpunkte. Unsere Fragen waren offen formuliert (ohne Antwortvorgaben), damit die Befragten frei zu Wort kommen konnten. Uns lag viel daran, möglichst ausführliche Darstellungen der in der Praxis erlebten Situationen und Eindrücke ans Licht zu bringen, um unseren Lesern einen möglichst weiten Einblick in bedeutsame Erfahrungen und Meinungsäußerungen zu vermitteln. Dazu eignet sich die Form der „Qualitativen Interviews“, bei deren Inhaltsanalyse u. a. auch „der Kontext von Textbestandteilen, markante Einzelfälle und latente Sinnstrukturen berücksichtigt werden" [30 / S. 91] (im Gegensatz zu Quantitativen Interviews, die für ihre vergleichend-statistischen Auswertungen auf ein hohes Maß an Standardisierung der Datenerhebung und die Unabhängigkeit des Beobachters angewiesen sind). Der von uns erstellte Interviewleitfaden stellte sicher, dass wir während der Interviews Kurs hielten auf die eigentlich interessierenden Fragestellungen. Unsere Erfahrungen mit dieser Methode beweisen, dass – im Gegensatz zu Fragebögen und geschlossenen Umfragetechniken – eine gleichberechtigte, offene Gesprächsbeziehung aufgebaut werden kann. Der Interviewte berichtet und fühlt sich ernst genommen anstelle von ausgehorcht [30 / S. 49].

Die Interviewpartner kannten wir durch: (i) Die Beratung von Mittelstandsunternehmen bei der Industrie– und Handelskammer IHK Schwaben, (ii) Kontakte zu verschiedenen Personalabteilungen großer Firmen und (iii) persönliche Kontakte. Die Interviews sind inhaltlich im Original, aber teils verkürzt wiedergegeben. Sie wurden mit Chinesen in englischer Sprache geführt. Die Kubaner befragten wir auf Englisch; sie antworteten teilweise auf Spanisch. Alle Interviews können in [1] nachgelesen werden, mit Ausnahme der mit den Mittelstandsunternehmern (UdM) geführten.

Die aus unseren Interviews gewonnen Aussagen und die daraus resultierenden Ergebnisse sind durch Literaturhinweise meist bestätigt und dürfen als praxisorientiert betrachtet werden. Alle Aussagen sind auf gleiche bzw. unterschiedliche Beobachtungen, Widersprüche oder Meinungsverschiedenheiten hin analysiert. Sprachen verschiedene Interviewpartner ähnliche Themen an, dann war das für uns ein Indiz dafür, dass sie ähnliche bzw. dieselben Erfahrungen machten. Diese Schnittmengen an Erfahrungen und Erlebnissen stellen wir in den Abschnitten von Kapitel 2 als *die* Kernthemen interkultureller Herausforderungen ausführlich vor.

Jede Datenerhebungsart und jede kritisch distanzierte Interpretation von „objektiven" Daten wird immer auch von „subjektiven Elementen" beeinflusst. Der Beobachter verhält sich bei der eingesetzten Methode der „Teilnehmenden Beobachtung" nicht passiv-registrierend, sondern er nimmt selbst teil an der sozialen Situation eines bestimmten Themas, um eine größtmögliche Nähe zu erreichen [30 / S. 61]. Dabei wird seine subjektive Wahrnehmung als wesentlicher Bestandteil und nicht als Störquelle betrachtet. Von wenigen Ausnahmen abgesehen, behandeln und vertiefen wir überwiegend die von den Interviewten angesprochenen Aspekte. Die Spiegelung an eigenen Beobachtungen und Erlebnissen dient allenfalls der Verstärkung und Verdeutlichung.

7. LITERATUR

[1] Kotte, Jacqueline (2006). Diplomarbeit „Deutsche und Kubaner im Geschäftskontakt mit Chinesen – Herausforderungen der Zusammenarbeit". Westsächsische Hochschule Zwickau (FH).

[2] Blackman, Carolyn (1997). *Negotiating China: Case Studies and Strategies*. St. Leonards: Allen & Unwin Pty Ltd.

[3] Bolten, Jürgen (1999). Grenzen der Internationalisierungsfähigkeit. Interkulturelles Handeln aus interaktionstheoretischer Perspektive. In: Hg. Bolten, Jürgen.

[4] Bond, Michael Harris (1991). *Beyond the Chinese Face*. Insights from Psychology. New York: Oxford University Press.

[5] Chen, Hanne (2002). *Kulturschock VRChina / Taiwan*. 5., aktualisierte Auflage. Bielefeld: Reise Know How Verlag Peter Rump GmbH.

[6] Chu, Chin-Ning (1994). *China-Knigge für Manager*. 2. Auflage. Frankfurt/Main: Campus Verlag.

[7] Gan, Shaoping (1997). Die chinesische Philosophie. Die wichtigsten Philosophen, Werke, Schulen und Begriffe. Darmstadt: Primus Verlag.

[8] Gilin, J.P. (1960). Zit. in MacGaffey, Wyatt / Barnett, Clifford R (1962). Cuba. Its People – its Society – its Culture. New Haven: Hraf Press, 91.

[9] Glaser, Evelyne (2003). Fremdsprachenkompetenz in der interkulturellen Zusammenarbeit. In: Thomas, Alexander / Kinast, Ulrike / Hg. Schroll-Machl, Sylvia . Handbuch Interkulturelle Kommunikation und Kooperation. Band 1: Grundlagen und Praxisfelder. Göttingen: Vandenhoeck & Ruprecht, 74-93.

[10] Günthner, Susanne (1993). Diskursstrategien in der interkulturellen Kommunikation. Analysen deutsch-chinesischer Gespräche. Tübingen: Niemeyer.

[11] Hall, Edward T. (1981). Beyond Culture. New York: Anchor Books/Doubleday.

[12] Hall, Edward T. (1990). The Silent Language. New York: Anchor Books.

[13] Jin, Xiufang (1994). Kontakte, Konflikte und Kompromisse. Interkulturelle Kommunikation zwischen Deutschen und Chinesen in einem Joint-Venture. Saarbrücken: Verlag für Entwicklungspolitik Breitenbach GmbH.

[14] Jing, Jun (2000). Feeding China's Little Emperors – Food, Children and Social Change. Stanford: Stanford University Press.

[15] Käser-Friedrich, Sabine / Garratt-Gnann, Nicola (1996). Interkultureller Management-Leitfaden Volksrepublik China: ... denn im interkulturellen Management ist es wie im Marketing: Nur wer seine Zielgruppe kennt, hat Erfolg. 2. Aufl. Frankfurt/M: IKO – Verlag für Interkulturelle Kommunikation.

[16] Knapp, Karlfried / Knapp-Potthoff, Annelie (1990). Interkulturelle Kommunikation. In: Zeitschrift für Fremdsprachenforschung: ZFF. Band 1. Bochum: Brockmeyer, 62-93.

[17] Knapp, Karlfried (1999). Interkulturelle Kommunikationsfähigkeit als Qualifikationsmerkmal in der Wirtschaft. In: Hg. Bolten, Jürgen. Cross Culture – Interkulturelles Handeln in der Wirtschaft. 2. überarb. Auflage. Sternenfels: Verlag Wissenschaft und Praxis, 9-24.

[18] König, Andreas (2004). „Kultur light"? Der anthropologische Kulturbegriff und seine Probleme mit der „Praxis". In: Hg. Lüsebrink, Hans-Jürgen. Konzepte der Interkulturellen Kommunikation. Theorieansätze und Praxisbezüge in interdisziplinärer Perspektive. St. Ingbert: Röhrig Universitätsverlag, 15-32.

[19] Layes, Gabriel (2003a). Kulturdimensionen. In: Thomas, Alexander / Kinast, Ulrike / Hg. Schroll-Machl, Sylvia. Handbuch Interkulturelle Kommunikation und Kooperation. Band 1: Grundlagen und Praxisfelder. Göttingen: Vandenhoeck & Ruprecht, 60-73.

[20] Lee, Sung-Hee (2004). Interkulturelles Asienmanagement China Hong Kong. Ein Ratgeber aus der Praxis für die Praxis. Renningen: Expert Verlag.

[21] Lee, Sung-Hee (1997). Asiengeschäfte mit Erfolg. Leitfaden und Checklisten. Berlin/Heidelberg: Springer Verlag.

[22] Liang, Yong (1998). Höflichkeit im Chinesischen: Geschichte – Konzepte – Handlungsmuster. München: Iudicium.

[23] Liang, Yong / Kammhuber, Stefan (2003). Ostasien: China. In: Thomas, Alexander / Kammhuber, Stefan / Hg. Schroll-Machl, Sylvia. Handbuch Interkulturelle Kommunikation und Kooperation. Band 2: Länder, Kulturen und interkulturelle Berufstätigkeit. Göttingen: Vandenhoeck & Ruprecht, 171-185.

[24] Lüsebrink, Hans-Jürgen (2004). Einleitung. In: Hg. Lüsebrink, Hans-Jürgen. Konzepte der Interkulturellen Kommunikation. Theorieansätze und Praxisbezüge in interdisziplinärer Perspektive. St. Ingbert: Röhrig Universitätsverlag, 7-13.

[25] Mayring, Philipp (1999). Einführung in die qualitative Sozialforschung – Eine Anleitug zu qualitativem Denken. 4. Aufl. Weinheim: Psychologie Verlags Union

[26] Müller-Jacquier, Bernd (2004). „Cross Cultural" versus Interkulturelle Kommunikation. Methodische Probleme der Beschreibung von Inter-Aktion. In: Hg. Lüsebrink, Hans-Jürgen. Konzepte der Interkulturellen Kommunikation. Theorieansätze und Praxisbezüge in interdisziplinärer Perspektive. St. Ingbert: Röhrig Universitätsverlag, 69-113.

[27] www.daad.org.cn/Downloads/6_3_200602_AGEF.doc

[28] Roth, Klaus (2004). Kulturwissenschaften und Interkulturelle Kommunikaiton: Der Bei-

trag der Volkskunde zur Untersuchung interkultureller Interaktionen. In: Lüsebrink, Hans-Jürgen, Hg. Konzepte der Interkulturellen Kommunikation. Theorieansätze und Praxisbezüge in interdisziplinärer Perspektive. St. Ingbert: Röhrig Universitätsverlag, 115-143.

[29] Schroll-Machl, Sylvia (2002). Die Deutschen – Wir Deutsche: Fremdwahrnehmung und Selbstsicht im Berufsleben. Göttingen: Vandenhoeck & Ruprecht.

[30] Seitz, Konrad (2002). *China – Eine Weltmacht kehrt zurück.* Aktualisierte 1. Taschenbuchauflage. Berlin: Siedler Verlag.

[31] Shi, Hongxia (2003). Kommunikationsprobleme zwischen deutschen Expatriates und Chinesen in der wirtschaftlichen Zusammenarbeit. Empirische Erfahrungen und Analyse der Einflußfaktoren. Diss. Würzburg.

[32] Thomas, Alexander (2003a). *Einführung*. In: Thomas, Alexander / Kinast, Ulrike / Hg. Schroll-Machl, Sylvia. *Handbuch Interkulturelle Kommunikation und Kooperation. Band 1: Grundlagen und Praxisfelder.* Göttingen: Vandenhoeck & Ruprecht, 7-15.

[33] Thomas, Alexander (2003b). Das Eigene, das Fremde, das Interkulturelle. In: Thomas, Alexander / Kinast, Ulrike / Hg. Schroll-Machl, Sylvia. Handbuch Interkulturelle Kommunikation und Kooperation. Band 1: Grundlagen und Praxisfelder. Göttingen: Vandenhoeck & Ruprecht, 44-59.

[34] Thomas, Alexander (2003c). *Kultur und Kulturstandards*. In: Thomas, Alexander / Kinast, Ulrike / Hg. Schroll-Machl, Sylvia. *Handbuch Interkulturelle Kommunikation und Kooperation. Band 1: Grundlagen und Praxisfelder.* Göttingen: Vandenhoeck & Ruprecht, 17-31.

[35] Thomas, Alexander (2003d). *National und Organisationskulturen.* In: Thomas, Alexander / Kinast, Ulrike / Hg. Schroll-Machl, Sylvia. *Handbuch Interkulturelle Kommunikation und Kooperation. Band 1: Grundlagen und Praxisfelder.* Göttingen: Vandenhoeck & Ruprecht, 32-43.

[36] Die Welt, 4. März 2006. Von der Planwirtschaft zur drittgrößten Handelsmacht der Welt. S. 12.

[37] Chen, Chao-Hsiu (2001). Lächelnde List. Kreuzlingen/München: Heinrich Hugendubel-Verlag

[38] Senger, Harro von (4.Auflage 2005). 36 Strategeme für Manager. Carl Hanser Verlag München Wien

[39] http://de.wikipedia.org/wiki/Strategem. Stand 27.02.06

[40] Abegg (1970: S. 44ff)

[41] Cross cultural Interchange Juni 2006. http://www.ccichinaltd.com/homepage.aspx

[42] Heringer, Hans-Jürgen (2004). *Interkulturelle Kommunikation – Grundlagen und Konzepte.* Tübingen und Basel: A. Francke Verlag. S. 39.

[43] Hoffbauer, Andreas (2005). „DHL eröffnet in China Logistik-Schule". In Handelsblatt. 19/10/2005, [online: http:www.handelsblatt.de/pshb/fn/relhbi/sfn/buildhbi/cn/GoArt!200012,200040,976259/SH/0/depot/DHL_er%F6ffnet_in_China_Logistik-Schule.html, 20.12.2005].

[44] Bracht, E., Multikulturell leben lernen – Psychologische Bedingungen universalen Denkens und Handelns, 1994. S. 91

[45] www.wissen.de, Stichwort: Kulturschock

[46] Weaver, G. (1993): Understanding and coping with cross-cultural adjustment stress. In education for the intercultural experience. Michael Paige (Hg.). Yarmouth, Maine. S. 137-169

[47] Kotte, Jacqueline (2005). Kulturschock - Theorie und interkulturelle Erfahrungen deutscher und chinesischer Studenten in den jeweiligen Fremdkulturen Deutschland und China. Projektarbeit, Westsächsische Hochschule Zwickau (FH).

[48] Die Welt, 28. Februar 2006. Flucht vor der Realität. S. 9.

[49] Sun Tzu. „The art of war". ISBN 034093784-X. Verlag Hodder Möbius

[50] Süddeutsche Zeitung Nr.186, 14/15. August 2006. Moderne Warlord, S. 21.

[51] www.bild.t-online.de/BTO/tipps-trends/reise/ aktuell vom 23.08.06

[52] Hirn, Wolfgang (2006). Herausforderung China. Fischer Verlag. ISBN: 3-596-16608-X

[53] Süddeutsche Zeitung, 6. November 2006. China verpflichtet sich zu Hilfe für Afrika S. 1; Fluch der Petro Dollars S. 4; China und Afrika kooperieren. S. 19.

[54] SPIEGEL ONLINE, 6. Oktober 2006. Knigge-Nachhilfe für ein ganzes Volk – China probt Olympia. www.spiegel.de/panorama

[55] Süddeutsche Zeitung, 6. Februar 2007. China hängt die USA ab. S. 17.

[56] Handbuch Weltreligionen. ISBN 3-417-24663-6. Brockhaus Verlag Wuppertal. S. 251f.

[57] Süddeutsche Zeitung, 27./28.01.2007. Auf nach Asien. S. V2/14.

[58] Yu-Chien Kuan, Petra Häring-Kuan (2006). Der China Knigge. Fischer Taschenbuch Verlag. ISBN: 978-3-596-16684-8.

[59] erhältlich über www.Shop.owc.de)

8. Sachwortverzeichnis

Ablehnung Gefühl der 54
Ablenkungsmanöver 64
Absatzmarkt 97
Abschied 30
Absicht unterstellen 53
Abwehrtaktik 24
Abwehrtaktik auch Gegenlist 93
Adaptionsfähigkeit 18
Adressrecherchen 103
ADS 108
Afrika 109
Agenda 8, 18
Aggression 59, 66
AHK 102
Ahnenschrein 94
Akademie 105, 107
Akzeptanz 33, 40, 68, 69, 91, 111
Alfi 77
Alkohol 28
Alter 34, 56, 81
Ältester siehe Rang 15
Andeutung indirekte 65
Anerkennung 40, 58
angeben 67
Angst 60, 79, 90
    etwas Anderes sagen zu
        müssen 71
Anpassung 17, 18, 44, 45, 48, 62,
    67, 70, 89, 90
Antwort 76
    ausweichende 64, 71, 76
    keine, statt Nein 65
Anwalt 102
Anweisung indirekte 65
Approved Destination Status ADS
    108
Arbeitgeber wechseln 42
Arbeitsablauf 85, 86, 89
Arbeitsplatz 32, 40, 43, 46, 68
Arbeitsweise 50, 89
Arbeitszeit 35, 83
Ärger 52, 76, 79, 86
Argumentieren lautstarkes 80
arrogant 19, 82, 83
ASEAN-Staaten 108
Atmosphäre siehe Harmonie 26
Aufenthalt längerer 89, 91
Aufklärung sexuelle 80
Augenkontakt 14, 20
AUMA 98
Ausbildung 43, 99
Ausfuhr 100
Ausländer 13, 14, 22, 82, 84, 91
Ausländerbonus 17
Auslandsaufenthalt 47, 48, 68, 91
Auslandshandelskammer 34, 102
Auslandsversicherung 95
Ausreden 76
Außenhandelskommission 102
Äußerung 26, 68
    nichtssagende 63, 76
Autorität verlieren 81
Bargeld ausreichender Vorrat 30
Bauern 13, 105, 106
Beamter 89
Begegnung 30
    interkulturelle 44, 67, 91
Begleitprogramm 18, 19
Begrüßung 14, 19, 25, 68, 81, 83
    von Frauen 15
Beherrschung verlieren 59
Behörde 13, 36, 102
Beijing 13, 89, 102, 106
Benehmen 67, 89
Berührung 80
Beschaffungsmarkt 97
Bescheidenheit 14, 19, 20, 28, 30,
    68, 74, 76, 78, 86
Beschimpfen 71
Beschlagnahmeantrag 100
Beschwerde 26, 60
Besprechung 50, 85
    siehe Verhandlung 15
Bestechung 95
Besuch 31, 83, 87
Bettler 29
Bevölkerung 40, 42, 97
Bewegungsfreiheit 42
Bewusstsein kritisches 61
Beziehung 12, 33, 34, 35, 55, 59, 69,
    73
    Aufbau von 20, 22, 37, 44
    die fünf menschlichen 52
    geschäftliche 14, 33, 34
    menschliche 33, 34, 58
    Partnerschafts- 80
    persönliche 22, 38, 82
    Pflege von 14, 84
    soziale 56
BfAI 103
Bildungsprogramm nationales 89
Bildungssystem 52, 60
Bindung familiäre 31
Bizerba 77
Blackman 78
Blockaden innere, überwinden 94
BMW 77
Bochner 46
Bond 87
Börse Gründung der 107
Bosch 77
Botschaft 13, 63, 74
    der Mimik 76
Buddhismus 94
Bundesagentur für
    Außenwirtschaft 103
Bürokratie 33, 36
CCC 101
CCPIT 102
CEO Chief Executive Officer 33
Chef 34, 59, 65, 67, 70, 76, 78, 85
Chen 40, 61, 92
Chiang Kaishek 105
China 7, 106, 108
    Geschichte 92
    Vorbereitung auf 26
China Compulsory Certificate 101
China Council for the Promotion of
    International Trade 102
Chinese 14, 91
    Auslands- 12
Chu 31, 40, 60
Datenerhebung 116
Delegation Leiter der 14
Demokratie 52, 78
Deng Xiaoping 106
Denkfabrik Chinas 107
Denkmuster gewohntes 94
Denkweise 9, 10, 12, 24, 45, 49, 51,
    68, 73, 91, 106
    kurzfristige 42, 85
Deutsche 105
Dialog der Kulturen 9, 55, 110
Direktheit 54, 56, 59, 62, 66
Diskursstil 63
Distanz geographische 99
Distanz menschliche 22, 69
Divergenzkonzept 46
Dolmetscher 16, 18, 24, 48
Dominanz 44, 45
Drache 42
Drohung 20
Druck 20, 22
Dynastie Wechsel von 92
EAC East Asian Community 108
Ebene emotionale 23, 79
Edison, T.A. 60
Ehrgefühl 58
Eigeninitiative 60, 62

Eigenschaft charakterliche 19, 38
Einfluss Einbüßung von 59
Einflussfaktoren interkulturelle 8, 115
Einfuhr 100
Einkaufen 95
Ein–Kind auch Kind 42
Einladung privat 26, 83
Einstellung 43, 67
Einstellungsgespräch 13
Elite gut ausgebildete 43
Eltern 31, 42, 52, 61
E-mail 18, 64, 65, 67, 76, 77, 102
Emotion 18, 66, 76, 78, 79, 110
  auch ,Verhalten' 78
Energie 108
Englisch 7, 24, 65, 67, 68, 69, 73, 77, 116
Entfaltung des Geistigen 40
Entscheidung 22, 34, 41, 52, 78
Entscheidungsträger 18, 21, 34
  im Hintergrund 19
entschuldigen 54, 67, 75, 84
Enttäuschung 82, 110
Erfahrung 9, 20, 90, 110
  des Älteren 61
Erfolg 22, 44, 82, 92
  deutsches, -Muster 46
  gesellschaftlicher 40
Erwartung 64, 70, 82, 91
  an, starr festhalten 41
  kulturbezogene 48
  unterschiedliche 18, 110
Erziehung 31
Essen 23, 28, 30, 35, 87, 90, 96, 105
  auch Geschäftsessen 24
  bezahlen 30
  exotisches 27
  Hundefleisch 27
  Kultur des 90
Essstäbchen 27, 28
Fachwissen 8
Fähigkeit 34, 76, 82, 91
Familie 14, 19, 23, 24, 26, 30, 31, 35, 42, 58, 78, 91, 96
Familienbetrieb deutscher 59
Farbcode 95
Faustformel 110
Fehleinschätzung 25
Fehler 59, 76
  aus, lernen 46
  machen 45, 52, 61, 72
Fehlkommunikation 72
Fehlplanung 86
Fehlübersetzung 72
Fehlverhalten 25, 52, 53
Feigheit 94
Feingefühl 64
Festtage 26, 96
Fettnapf 12
Firma 24, 82, 86, 100
  wechseln 42, 43
Flexibilität 21, 36, 85, 98
Floskeln chin. Sprach- 68
Fluktuation 41, 43, 99
Frage 97
  offene 65, 115
  umformulieren 75
  unbeantwortete 64
Frauen auch Ladies first 15
Freiraum 44
Fremder 35, 83, 92
Fremdsprache 69
Freude 76, 79
Freund 26, 38, 74, 91
Freundeskreis 14, 35, 37
Freundlichkeit 23, 76
Freundschaft mit Chinesen 37
Führungsgeneration 107, 108
Führungskraft 7, 9, 13, 39, 41, 45, 46, 59, 76, 99
fünf menschliche Beziehungen 52, 61
Fünfjahresplan 62, 106
Fürsorgepflicht 32
Ganbei 27, 28
Gastgeber 27, 31
Geburtenplanung 106
Gedankenaustausch 68
Geduld 20, 36, 38, 40, 48, 53, 59, 70
Gefälligkeit 34
Gefühl 91
  auch Emotion 78
  Hinweis auf eigenes 53
Gegenlist 24, 93
Gehalt 43, 46, 58
Gelassenheit 20, 79
Geld auch Bargeld 96
Gemeinsamkeiten 15, 19, 110
Generation 13, 15, 17, 32, 61, 80, 105
Gepflogenheiten Anpassung an 18
Gerichtsstand 101
German Industry & Commerce Co. Ltd. GIC 102
Gesagtes Betonung des 76
Gesamtsicht 49, 65
Geschäft 15, 21, 22, 30, 65, 82
  Zusatz- 35
Geschäftsabschluss 20, 22, 28, 31
Geschäftsalltag 14, 111
Geschäftsessen 8, 24, 27, 95
  auch Essen 24
Geschäftsführer 9, 21
Geschäftsleitung deutsche 58
Geschäftspartner 13, 22, 76, 92, 93, 100
  chinesische 35, 59
  Distanz zwischen 22
  Korrrespondenz mit 76
  nicht seriöser 25
Geschäftsreise 75, 96
Geschenke 15, 24, 26, 34, 43, 53
Geschichtskenntnisse 75
Geselligkeit unter Beweis stellen 29
Gesellschaft 78
Gesicht 16, 57, 63
  Aufbau des 30, 33, 37, 82
  geben 51, 56, 58
  kein, geben 66
  unfreundliches 81
  verlieren 6, 18, 20, 30, 56, 58, 65, 72, 81
  wahren 20, 22, 58
Gesichtsausdruck 79
Gespräch 16, 26, 36, 66, 68, 71
  durch die Blume reden 67
  Lautstärke 71
  nichtsprachlicher Kontext eines 62
  Themen 29, 34
  unter vier Augen 56
  unterbrechen 54, 84
  verläuft schleppend 64
Gestik 27, 71, 76
Gesundheit 95
Getränke 28
Gewährleistung 101
Gewitztheit 73
Gewohnheiten 9, 89, 91, 110
Gewohntes 46, 48, 91
GIC 102
Globalisierung 5, 38
Große Proletarische Revolution 106
Grosser Sprung nach Vorn 106
großspurig 82
Grundlagenforschung 107
Gruppe 14, 35, 37, 59, 75
Gruppendenken 35, 37
Gruppierung kulturrevolutionäre 106
Grüßen siehe Begrüßung 83
Guanxi auch Beziehung 33
Günthner 56, 63
Guomindang 105
Hall 62, 86
Han Regeln der 13
handeln 51, 65, 80, 95
Handelsembargo 107
Handelsmacht 108
Handelsministerium der VR China 102

Handlung Folgen einer 59
Handlung situative 87
Handlungsbarriere 46
Handlungsdruck 86
Handschlag 14, 31, 76
Handy auch Mobiltelefon 96
Harmonie 26, 30, 40, 48, 51, 52, 64, 76, 78
 aus dem Gleichgewicht 18, 55
 Wahrung der 56, 73
Harvard Universität 107
Hauptgast 26
Heiterkeit 81
Hemmungen ablegen 94
Herausforderung 8, 92, 105
 im eigenen Land 91
 sprachliche 75
 unerwartete 9, 110
Herkunftsland Kultur des 10
Hierarchie 14, 16, 21, 41, 52
Hilflosigkeit Gefühl der 90
Hindernis unerwartetes 49
Hinter den Kulissen 34
Hintergrund kultureller 44
Hinterlist siehe List 94
Historie 63
Hobbys 19
Höflichkeit 17, 26, 55, 58, 68, 71, 81, 84
Hongkong 30, 58, 102, 107
Honig im Mund 29, 67
Hou Tai 34
Hu Jintao Staatspräsident 108
Hua Guofeng 106
Humor 17, 30
Hundert–Blumen–Bewegung 63, 106
Hürde bürokratische 33
Idealzustand 45
Ideen kreative 94
Identitätskrise 90
IHK 34, 102, 116
Image 58, 82
Impfung 95
Improvisation 85, 86
Indien 106
Indirektheit auch Kommunikation 66
Individuum 35
Industrialisierung 87
Industrie und Handelskammer 98
Inflexibilität 86
Information zurückhalten 39, 65
Infrastruktur 77, 98
In-Group 35
Inhaltsanalyse qualitative 115
Innovation 60, 62, 100, 108
Interaktion 10, 18, 105
 dynamische 18
 situative 66
Interkultur 18, 48
interkulturelle Aspekte 8
interkulturelle Begegnung
 auch Begegnung 5
interkulturelle Kommunikation 6, 9
Internet 77, 98
Interview 11, 57, 90
 qualitatives 116
Investitionen 108
Ironie 30
iXPOS – das
 Außenwirtschaftsportal 103
Ja siehe auch Nein 83
Japan 108
Jiang Qing 106
Jiang Zemin Generalsekretär 108
Jin 75
Jobwechsel 43
Juristische Beratung 101
Just-in-Time 85
Kaiser kleiner 42
Kalender 96
Kapitalismus 14
Karaoke 29
Karriere 42, 47
Kaufverhalten 48
Kind 31, 32, 40, 42, 70, 78, 96, 106
KKW Kernkraftwerk 78
Kleidung 95
Klischee 7, 83
 auch Stereotype 7
Klugheit 92, 93, 94
Knigge siehe Verhalten 89
Know-How 8, 12, 33, 43, 71, 99
Kollege älterer 19, 34
Kommunikation 21, 44, 51, 64, 71, 79, 90, 91
 Gesicht gebende 66
 High-Context 62
 indirekte 55, 63, 75
 informelle 22, 25
 Low-Context 62
 Stil, direkter 66
 über Dritte 55
Kommunisten 105
Kommunistische Partei China KPCh 105
Kompetenz 59
 interkulturelle 8
 sprachliche 68
Komplettlösung 35
Kompliment 15, 24, 27, 34, 56, 58
Kompromiss 41
Konditionen bessere 76
Konflikt 7, 17, 18, 53, 55, 79, 84
 Strategie zur Vermeidung 55
Konfliktpotential 10, 54, 73
Konfuzius 14, 20, 32, 33, 51, 61, 93, 94, 100
Konkurrenzkampf 40, 47, 65
Konsensregelung 12
Kontakt 13, 14, 15, 34, 64, 68, 102
 einmaliger 35
 pflegen 37
 privater 13
 sozialer 25
Kontinuierliche Verbesserung 40
Konvention Verstoß gegen 77
Konzerne 5, 43
Kooperation 7, 44, 59
 dauerhafte 44
 gemeinsame, fördern 54
 negative Folgen für 44
Kopf kühlen, bewahren 79
Kopieren siehe Produkt 61
Körperkontakt 14
Körperreinigung 90
Korrespondenz 76
Korruption auch Bestechung 95
Kosten 97
KPCh Kommunistische Partei China 105
Kreativität 60, 62, 92
Kreditkarte 30, 96
Kritik 22, 29, 41, 52, 53, 55, 64
 abfedern 56
 direkte 57
 Fähigkeit zur 54, 62
 in der Öffentlichkeit 57
 versteckte 58
kritische Punkte 18, 20
Kubaner 10, 73, 79, 83, 87, 106, 116
Kulissen hinter den 34
Kultur 8, 9, 73, 78, 90, 105, 110
 Brücke zur chinesischen 7
 chinesische 8, 93
 Dialog der 110
 monochrone 86, 88
 polychrone 86, 88
Kulturrevolution 13, 42, 106
Kulturschock 7, 90
Kulturstandard 23, 45
Kunde 36, 39, 70
Kündigung 42, 58, 71
Lachen 8, 76, 81
 verlegenes 64
Ladies first 15, 81
Landbevölkerung 13, 89
Laotse 21
Lebensphilosophie 52
Lebensqualität 111
Lee 24, 43
Legend siehe Lenovo 107
Lehrer 61, 78

Leistungsprinzip 46
Lenovo früher Legend 107
Lernen 18, 47, 61
Lingua franca 73
List 24, 92, 93
Literatur 8, 57, 93, 116
Lizenz 102
Lobbyist 34
loben 26, 29, 30, 58, 67
Logistik 100
Logo siehe Markenname 77
Lösung 110
Loyalität 35, 42, 43, 58, 99
Macho 79
Macht einbüßen 59
Mandarin 75
Mao Zedong 106
Markenname 77
Marketing chinesisches 77
Markt 97
Marktrecherche 97
Marktsystem 14
Marktwirtschaft 107
Maßstab geschäftlicher 81
Medikamente 95
Meeres-Schildkröte 62
Meister alte, kopieren 61
Mentalität 9, 12, 93
Messe 98
Messen 103
Mianzi siehe Gesicht 58
Mischform kulturelle 9, 18, 110
Misserfolg geschäftlicher 77, 82
Misstrauen 44, 71, 81, 92
Missverständnis 10, 14, 54, 67, 70, 73, 74, 76
Missverstehen 50, 65
Mitarbeiter 7, 9, 12, 43, 47, 56, 59, 72, 81, 83, 86, 100
  belohnen 53
  Motivation 42
  Rekrutierung neuer chinesischer 43
Mitarbeitergespräch 46, 57
Mittelsmann 99
Mittelstandsunternehmen 5, 6, 7, 10, 47, 58, 65, 116
Mittelstandsunternehmer 12, 33, 90, 116
Mobiltelefon 87
Modernisierungen die vier 106
MOFCOM 102
Mondkalender 96
Mondprogramm 108
monochrone Kultur 86
Moral 59, 93
Motivation 5, 46, 65
Mut 56, 83
Muttersprache 65, 74
  des Unternehmens 70
Name aussprechbarer 16
Nationalisten 105
Nationalität 9
Natur im Einklang mit der 52
Negativreden 26
Nein direktes 63, 66, 71
Netzwerk von Menschen 33, 37
nicht der Rede Wert 68
nicht Gesagtes 64
Nicken 7
  auch ‚Nein' 71
Nivea 77
Niveau sprachliches 38
Non–Disclosure Agreement 100
non-verbale Signale 62
Normalität erwartete 17
Öffnung Chinas 8, 13, 36
Olympiade 2008 6, 89
Organisationsform 41, 78
Out-Group 35
Pacta sunt servanda 21
Paradigmenwechsel 94
Partner 21, 22, 98, 110
  chinesischer 20, 50, 100
  deutscher 50
  höchstrangiger 15
Pattsituation 110
Pausen 21, 64, 71
Peinlichkeit 29, 76
Peking siehe Beijing 5
Person
  Ablehnung seiner 81
  ältere 14
  Anwesenheit einer dritten 56
  einflussreiche 24, 34
  Stellenwert einer 34
  verletzen 55
  weitere, in Begleitung 19
Personal 99
  Einstellung von 33
  Einweisung des 36
  Vermittlungsagentur 43
  Wechsel (auch Fluktuation) 43
Persönlichkeit 19, 79
Philosophie 56, 93
Piraterie auch Produkt 61
Plan ‚863' 107
Planung 49, 84, 85, 86
Planwirtschaft 61, 105, 108
Platz des Himmlischen Friedens 107
Pokerface 76
Poltern deutsches 24, 93
polychrone Kultur 86
pragmatisch 44, 86
Praktikum 7, 16
Prestige 58
privat 86, 87, 90
Privatisierung 47
Privatunternehmen 22, 107
Privatwirtschaft 106, 107
Problem lösen 45, 49
Produkt 77, 97, 101
  High-Tech 98
  Original- 48
  Piraterie 6, 61, 99, 108
Projekt 35
  Projekt ‚211' 107
Prozess 40, 85
Pünktlichkeit 84, 87
Qualität der Arbeit 40
Qualitative Interviews 115
Qualitätssicherung 101
Rabatt 95
Rang 16, 19, 81
  geschäftlicher 34, 59
  Ordnung der Gäste 15
Ranghöchster 14, 27, 30, 41
Raumfahrt 107, 108
Reaktion ausbleibende 20
Reaktionäre 106
Recherche 97
Recht 103
Rechtsanwalt 102, 103
Rechtsauskunft 103
Redensart sprichwörtliche 75
Redepause siehe Pausen 21
Referenz 37
Reformen 106, 107
Regel 37
  Ausnahme von der 36
  einfache 17
  gesellschaftliche 78
Regierung 61, 78, 107
  chinesische 36, 78, 89
Regulation on the Customs Protection of Intellectual Property Rights 108
Reichtum zur Schau zu tragen 81
Reiseapotheke 95
Reklame 78
Religion 56, 94
Renmin Universität 89
Renminbi 96
Reproduktion auch Produkt 61
Respekt 9, 14, 15, 17, 22, 26, 31, 58, 81, 82
  bekunden 20, 29, 64
Respektlosigkeit 17
Ressentiments 52, 66
Restaurant 30, 69
Rohstoffe 108
Rote Armee 105
Rote Garden 106

Rückkehr 61, 67, 91
Sachorientierung 19, 23, 66
Sachthema 14, 15, 29, 34
Sachverhalt 71, 76
Sagen wer das, hat 78
Sandwichtechnik 56
Säuberungsaktion 106
Schachspiel 93
Schadenfreude 76
Schiedsgericht 102
Schlichtung von Streitigkeiten 103
Schlüsselerlebnis 6, 11
Schlüsselkriterium 22
Schlüsselqualifikation 8
Schlüsseltechnologien 107, 108
Schnittstelle kulturelle 9
Schockerlebnis 90
Schrift chinesische 69
Schroll-Machl 23, 45, 84
Schüler 61
Schutz geistigen Eigentums 100
Schutzrechte 100
Schwachstellen eines anderen 59
Schweigen 64
Selbstbeherrschung Mangel an 66
Selbstbewusstsein 79, 82
Senior der Gruppe 21
SEPA 107
Shanghai 13, 18, 28, 30, 33, 36, 54, 69, 70, 78, 89, 90, 102, 108
Shanghai Fünf 107
Sheng ren 37
Shenzhen 89
Shenzou V erster Raumflug 100
Shou ren 37
Sicherheit 68, 90
Signale non-verbale 62, 64
Singapur 78, 88
Sino British Joint Declaration 107
Situation 10
  Ja - Nein 65
  kritische 76
  nicht erklärbare 10, 64
  schwierige meistern 93
Sitzordnung 18, 26
Small Talk 23
Sondergenehmigung 36
Sonderwirtschaftszonen 107
soziale Rolle 58
Sozialsystem 32
Spannung elektrische 96
Spannung zwischenmenschliche 59
Speisekarte chinesische 69
Spezifikationsphase 86
Spiel 20, 24, 36, 92
Spielerei akademische 8
Sprache 51, 68, 70, 74, 75, 78, 90
  Barriere 38, 99
  Dritt- 73
  nonverbale 73
Sprachkenntnis 9, 29, 38, 53, 68, 69
Staatsbetrieb 13, 22, 47
Staatsrat 107
Standort 98
State Environmental Protection Administration 107
Stellenwert 57, 67
Stereotype 44, 53, 83
  auch Klischee 17
Straßenverkehr 90
Strategeme 20, 23, 55, 92, 93, 94
Strategie 92
Stress 79, 84, 86
Studenten im Ausland 61
Studentendemonstration 107
Symbole 90, 95
Synergie 9, 110
  Potentiale 41
Synthesekonzept 45, 46
Systemkritik öffentliche 106
Tagesordnung siehe Agenda 20
Taikonaut 30
Taiwan 29, 105
Taktik 24, 94
Taoismus 40, 94
Täuschung 92
Team 35, 38, 43, 70
Teilnehmende Beobachtung 116
Telefonkontakt 77
Temperamentsausbruch 66
Termin Planung 81
Textilabkommen 108
Thema
  politisches, vermeiden 29, 105
  sensibles 22, 29
  unangenehmes 54
  Wechsel des 63
Tian'anmen 107
Tischsitten 8, 28, 90
Titel 16, 59
Toast aussprechen 26, 27
  auch Kompliment 27
Toleranz 7, 17, 33, 111
Tongji Universität 70
Tonhöhen 114
Totenkult traditioneller 28
Tourist 8, 30, 89
  chinesischer 88, 108
Training interkulturelles 7, 12, 64
Transrapid 36, 78, 108
Trinkgeld 30
Trinkkultur 28
Trinkspruch auch Toast 28
Tsingtau 27
Türöffner für Geschäfte 33
TÜV 101
Überhören 63
Überleben Kampf ums 40
Übersetzung 63, 72, 73, 78, 100
  Eins-zu-Eins 73
UdM Unternehmer des Mittelstands
  auch Mittelstandsunternehmer 11
Ultimatum 20
Umgangsformen 89
Umgebung unsicher in fremder 110
Umklammerungsdenken 49
Umweg benutzen 52, 55, 71
Umzingelung 49
unbescheiden 16, 66, 81
Unbestechlichkeit 52
Unehrlichkeit 66, 76
unhöflich 15, 24, 63, 66, 83
Unrechtsbewusstsein 61
Unsicherheit 74, 90
Unterhaltung laute 28
Unternehmen 48, 89
  chinesischer Name des 77
  staatliches 36, 89
Unternehmenskultur 10, 45, 46, 111
Unternehmer 22, 76, 105
Unterschied kultureller 68, 110
Unterschrift 95, 100
Untertan 52
Unverständnis 44, 52
Unzufriedenheit 46
Unzuverlässigkeit 32, 85
Urheberrecht 100
Verantwortung 35, 41
Verbeugung 14
Vereinbarung getroffene 21
Verfassung 105, 108
Verhalten 9, 10, 13, 22, 46, 51, 53, 61, 70, 73, 89
  bewerten 20, 25
  emotionales 59, 79
  Faustformel für einfaches 110
  Knigge 28, 89
Verhandlung 12, 18, 19, 20, 24, 25, 34, 49, 50, 65, 71, 72, 78, 80, 93
  Ausgangsposition 18
  beim Essen 30
  in Englisch 72
  läuft schief 23, 93
  mit Kunden 17
  Partner neu besetzen 55
  Position 21, 22
  Spiel bei 20
Verhandlungspartner 23, 93
Verkehrsmittel öffentliche 13, 87

Verlässlichkeit 22
Verlegenheit Lachen aus 76
Verletzlichkeiten 73
Vermittler 6, 24, 63, 65, 70, 73, 76, 111
Verständigung 71
Verständnis 7, 12, 36, 38, 48, 53, 54, 110, 111
gegenseitiges 8, 33, 48
gemeinsame Basis 68
Vertrag 20, 25, 91, 101
Fehlübersetzung 72
Unterzeichnung 21, 50
Vertrauen 14, 19, 44
aufbauen 24, 33, 53, 68
blindes, in Geschriebenes 61
gestörtes 76
Vertraulichkeitserklärung 100
Vertrautheit 56
Verwirrung 76
vielleicht 74
Synonym für Nein 63
Vier Alten die 106
Viererbande 106
Vier-Zwei-Eins 42
Visitenkarte 15, 17, 59
Visum 96
Volkskommune 106
Volksrepublik China 105, 106
Volkswagen 77, 107
Volkswirtschaft 62, 97, 108
Vorgehensweise 50
indirekte 66
listige 93
Vorgesetzter 34, 60, 76, 79, 83
auch Chef 34
chinesischer 36, 76
jüngerer 81
Vorstellen der Teilnehmer 19
Vorurteil 12, 17, 44, 71, 92
Entstehung von 53
VRC siehe Volksrepublik China 106
Wahrheit 29
Wahrnehmung für Untertöne 75
Währung 96
Wandel 5, 8, 105
warten auf den Anderen 110
Wasser 95
Weaver, G.R. 90
Weisheit 81, 92, 93
Weiterbildung auch Ausbildung 43
Weltausstellung 2010 89
Werbematerial chinesisches 77
Werkbank der Welt 62, 108
Werte 13, 45, 46, 48, 94
Wertschätzung 12, 15
westlich' 11
Wettbewerb 8, 43, 97, 105
Wettkampf auch Konkurrenz 40
Widerspruch 52, 53, 54, 56, 61
gegenüber dem Vorgesetzten 41
wiederholen 24
signalisiert Wichtigkeit 65
so wie verstanden 71
Wir-Gefühl 19
Wirtschaft innovative 62
Wirtschaftsstruktur westliche 78
Wissen 40, 62, 65
Witz 30
Wohlstand 58, 81, 82
WTO Beitritt Chinas zur 108
Wut 22, 66
Yangtse 36, 78
Yin und Yang 42, 52
Yuan 96
Zahlensystem 77, 114
Zahlungsbedingungen 101
Zählweise 114
Zeigefinger 83, 93
Zeit 20, 35, 84, 85
Zeitauffassung 87
Zeitplan 84, 85
Zeitunterschied 96
Zentralkomitee 105
Ziel 8, 49, 84, 94
ZK auch Zentralkomitee 105
Zoll 36, 100, 103, 108
Zopf abschneiden 7
Zuangzhi (chin. Philosoph) 81
Zurückhaltung 78, 82, 86
Zusammenarbeit 46, 52, 53
Zusatzgeschäft 35
Zustimmung 8, 65
Zuverlässigkeit 86